西北师范大学

NORTHWEST NORMAL UNIVERSITY

教育科学学院

◆ 博士学位论文丛书 ◆

基于 STEAM 教育理念的化学学科

实践活动课程设计研究

谢丽娟 著

万明钢　王兆璟　总主编

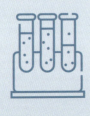

甘肃人民出版社

甘肃·兰州

图书在版编目（CIP）数据

基于 STEAM 教育理念的化学学科实践活动课程设计研究 / 万明钢，王兆璟总主编；谢丽娟著. -- 兰州 ：甘肃人民出版社，2024. 12. -- ISBN 978-7-226-06111-4

Ⅰ . 06-42

中国国家版本馆CIP数据核字第 202498PK15号

责任编辑：程　卓

封面设计：李万军

基于 STEAM 教育理念的化学学科实践活动课程设计研究

JI YU STEAM JIAOYU LINIAN DE HUAXUE XUEKE SHIJIAN HUODONG KECHENG SHEJIYANJIU

万明钢　王兆璟　总主编

谢丽娟　著

甘肃人民出版社出版发行

（730030　兰州市读者大道 568 号）

兰州新华印刷厂印刷

开本 787 毫米×1092 毫米　1/16　印张 17.25　插页 3　字数 270 千

2024 年 12 月第 1 版　　2024 年 12 月第 1 次印刷

印数：1~1 000

ISBN 978-7-226-06111-4　　定价：58.00 元

目　录

摘　要 ……………………………………………………………… 001

Abstract ………………………………………………………… 003

第一章　绪　论 …………………………………………………… 001

　第一节　研究背景 ……………………………………………… 001

　　一、学科实践活动课程是信息时代培养创新人才的积极回应 … 001

　　二、学科实践活动课程是深化课程改革的重要机制 …………… 002

　　三、化学学科实践活动课程是化学课程与教学变革的新形态 … 004

　　四、基于 STEAM 教育理念的化学学科实践活动课程是 STEAM 教育
　　　本土化的实践探索 ……………………………………… 007

　第二节　研究问题 ……………………………………………… 012

　第三节　研究目的及意义 ……………………………………… 016

　　一、研究目的 …………………………………………………… 016

　　二、研究意义 …………………………………………………… 016

第二章　文献综述 ………………………………………………… 019

　第一节　STEM 教育研究 ……………………………………… 019

　　一、国外 STEM 教育研究 ……………………………………… 020

二、国内 STEM 教育研究 ……………………………………………… 024

三、研究述评 …………………………………………………………… 028

第二节　化学学科实践活动课程研究 …………………………… 031

一、学科实践活动的内涵 ………………………………………… 031

二、化学学科实践活动课程的相关研究 ………………………… 032

三、其他学科实践活动课程的相关研究 ………………………… 034

四、研究述评 …………………………………………………………… 035

第三章　研究设计 …………………………………………………… 038

第一节　概念界定 ………………………………………………… 038

一、STEAM 教育 ………………………………………………… 038

二、化学学科实践活动课程 ……………………………………… 039

三、课程设计 ……………………………………………………… 040

第二节　理论基础 ………………………………………………… 041

一、杜威的实用主义教育理论 …………………………………… 041

二、生态系统理论 ………………………………………………… 044

三、综合课程理论 ………………………………………………… 047

第三节　研究思路与研究方法 …………………………………… 049

一、研究思路 ……………………………………………………… 049

二、研究方法 ……………………………………………………… 052

第四章　基于 STEAM 教育理念的化学学科实践活动课程设计的

理论研究 ………………………………………………… 055

第一节　课程设计 ………………………………………………… 055

一、课程设计的层次 ……………………………………………… 056

二、课程设计的取向 ……………………………………………… 057

第二节　基于 STEAM 教育理念的化学学科实践活动课程内涵与特征

……………………………………………………………… 058

一、STEAM 教育概念及本质 ………………………………… 058

二、基于 STEAM 教育理念的化学学科实践活动课程的内涵 …… 062

三、基于 STEAM 教育理念的化学学科实践活动课程的特征 …… 065

第三节　基于 STEAM 教育理念设计化学学科实践活动课程的意义 … 070

一、STS 教育到 STEAM 教育的演变 ……………………… 071

二、基于 STEAM 教育理念设计化学学科实践活动课程的意义

…………………………………………………………………… 075

第五章　基于 STEAM 教育理念的化学学科实践活动课程设计的实践探索 …………………………………………………… 085

第一节　《趣味化学》课程设计的实践探索 ……………… 087

一、课程目标的确定 ………………………………………… 087

二、课程内容的选择与组织 ………………………………… 089

三、教学活动的设计与实施 ………………………………… 092

四、课程实施效果评价及反思 ……………………………… 100

第二节　《知水善用》课程设计的实践探索 ……………… 106

一、课程目标的确定 ………………………………………… 108

二、课程内容的选择与组织 ………………………………… 111

三、教学活动的设计与实施 ………………………………… 120

四、课程实施效果评价与反思 ……………………………… 162

第六章　基于 STEAM 教育理念设计化学学科实践活动课程的策略 …………………………………………………………… 169

第一节　化学学科实践活动课程目标的确定 …………… 171

一、化学学科实践活动课程目标确定的依据 ……………… 172

二、化学学科实践活动课程目标的确定 …………………… 176

第二节　化学学科实践活动课程内容的选择与组织 …… 185

一、化学学科实践活动课程内容的选择 …………………… 185

二、化学学科实践活动课程内容的组织 ……………………… 189

三、化学学科实践活动课程中大概念的提炼与建构 …………… 193

第三节 化学学科实践活动课程的教学设计与实施 ……………… 217

一、化学学科实践活动课程的教学方式 ……………………… 217

二、化学学科实践活动课程实施的教学策略 ………………… 226

三、化学学科实践活动课程的实施建议 ……………………… 232

第四节 化学学科实践活动课程实施效果的评价 ……………… 235

一、化学学科实践活动课程的评价策略 ……………………… 235

二、化学学科实践活动课程的评价建议 ……………………… 242

结　语 ……………………………………………………………… 244

参考文献 …………………………………………………………… 249

致　谢 ……………………………………………………………… 261

附　录 ……………………………………………………………… 263

摘　要

　　时代的发展决定了人才的培养，进而指引教育的变革。绝大多数国家和地区认为，在学科课程中开展 STEAM 教育有利于弥补分科教学的不足，是发展学生核心素养的主要途径。基础教育课程方案中提出的学科实践活动课程，是课程与教学变革的新形态，也是一个较新的研究领域。本研究围绕教学实践中的问题展开实证研究，总结提炼出基于 STEAM 教育理念的化学学科实践活动课程设计的实践模式及策略，并以案例阐释。为 STEAM 教育与化学学科融合的相关研究提供理论与实践参考。

　　基于 STEAM 教育理念的化学实践活动课程设计是微观层面的课程设计，是教师从实践层面对课程目标、课程内容、教学活动、课程评价等要素的具体处理与规划，兼具学科间整合及化学学科内整合的特点。本研究整体上按照"为什么研究—怎么研究—研究结论是什么"的思路展开。第一部分"Why"为什么研究，包括绪论和文献综述。一方面，分析研究背景，基于自身的化学教学与 STEAM 课程实践及反思，提出本研究的核心总问题"怎样基于 STEAM 教育理念设计有利于发展学生核心素养的化学学科实践活动课程"。另一方面，结合 STEAM 教育和化学学科实践活动课程的研究现状，阐释研究目的及意义。第二部分"How"怎么研究，主要是指研究设计和研究过程，包括基于 STEAM 教育理念的化学学科实践活动课程设计的理论研究和实践探索。首先，通过文献研究、案例研究的方法探究 STEAM 教育视域下化学学科实践活动课程的内涵、特征及意义；其次，在理论研究的基础上，按照行动研究的基本思路展开基于 STEAM 教育理念的化学学科实践活动课程设计的实践探索，整个研究共分为两个阶段，即两轮行动研究。第三部分"What"研究结论是什么？通过基于 STEAM 教育理念的化学学科实践活动课程设计的理论研究与实践探索，提出了基于 STEAM 教育理念的化学学科实践活动课程设计的实践模型，以真实情境的问题解决为载体，将"核心素养""必备知识""关键能力"与课程目标、课程内容、教学活动设计与实施、课程评价紧密结合起来，构成有机整体，使学生与教师在化学学科实践活动课程中得到发展。围绕化学学科实践活动课程目标的确定、课程内容的选择与组织、教学活动的设计与实施、课程实施效果评价提出以下策略：

首先，提出了化学学科实践活动课程目标设定的技术路线。基于 STEAM 教育理念的化学学科实践活动课程的核心价值指向真实情境问题解决，其目的在于提升学生的化学学科核心素养，发展学生核心素养。其次，从多种渠道精选课程内容，基于大概念组织课程内容。本研究总结归纳了化学课程标准、化学教材、化学高考试题、科技类丛书中化学学科实践活动课程的内容素材，并以《知水善用》课程为例阐释了大概念提炼与建构的思路与方法。再次，以"开启我的纯净水探索之旅""以海水为原料自制 84 消毒液""一封密信"3 个教学案例阐释，如何使用 5E 教学模式、项目式教学及基于问题解决的教学，设计与实施化学学科实践活动。提出化学学科实践活动课程实施的有效策略及实施建议。最后，提出化学学科实践活动课程实施效果评价的有效策略及建议。

关键词： STEAM 教育；化学学科实践活动课程；课程设计

Abstract

The development of the times determines the cultivation of talents, which in turn guides the reform of education. People in vast majority of countries and regions believe that STEAM-based subject teaching is the main way to cultivate students' core literacy, which is conducive to complement the traditional subject-specific teaching. The subject practice curriculum proposed in the basic education curriculum is a new form of curriculum and teaching, as well as a relatively new research field. This study conducts empirical research on figuring out the problems in teaching practice, summarizes and extracts the curriculum design mode and strategies of Chemistry experimental activities based on the STEAM education concept, and explains with specific cases. The result provides theoretical and practical reference for related research on integrating STEAM into education and Chemistry subject teaching.

The STEAM-based curriculum design of chemistry experimental activities is of micro-level, which focus on the specific processing and planning of the curriculum objectives, curriculum content, teaching activities, curriculum evaluation and other elements at the practical level and features of internal integration. It has the characteristics of integration between disciplines and integration within chemistry disciplines. This study is carried out under the frame of "why research – how to research – what is the research conclusion". In the first part, it includes an introduction and literature review. On the one hand, based on the analysis of the research background, my own Chemistry teaching and STEAM curriculum practice and reflection, the research question is to put forward: how to design a STEAM-based Chemistry experimental and practical activity course that is conducive to the development of students' core literacy. On the other hand, the purpose and significance of the research are explained by combining STEAM education and chemistry practice courses. In the second part, "How" mainly refers to the research design and research process. It includes theoretical and practical exploration of the curriculum design of Chemistry practice activities based on the STEAM educational concept. Firstly, the connotation, characteristics and significance of chemistry discipline practice activity courses in the perspective of STEAM education are explored through literature study and case study. Secondly, on the basis of theoretical research, according to the basic ideas of action research, the practical exploration of chemistry discipline practice activity curriculum design based on STEAM education concept is carried out. The whole study can be divided into two stages, namely two rounds of action research. The third part "What" is the conclusion of the study. Based on the theoretical research and practical exploration of the curriculum design of chemical discipline practice activities based on STEAM education concept, the practical model of the curriculum design of chemical discipline practice activities based on STEAM education concept is proposed. It takes the problem solving of real situation as the carrier, and combines the essential knowledge of core literacy, key abilities and curriculum objectives and curriculum content. The design of teaching activities and the implementation of course evaluation are closely combined to form an organic whole, which enables students and teachers to develop in the course of practical activities of chemistry subject. This study puts forward the following strategies around the determination of curriculum objectives of chemical discipline practice activities, the selection of curriculum content and the design and implementation of organizing teaching activities:

First of all, this thesis put forward the technical route on how to set objectives on STEAM –based Chemistry experimental and practical class, the core value of which is to cultivate students' core literacy. Secondly, the thesis suggests to select the course content from various channels, and to organize the course content under the course requirement. This research summarizes the content of the Chemistry practice activities in the science and technology series from the Chemical curriculum standards, Chemical textbooks, college entrance examination questions of Chemistry, and takes the course "Knowing Water for Good Use" as an example to illustrate the ideas and methods for the extraction and construction of big concepts. Thirdly, this thesis uses three teaching cases of "starting my journey of pure water exploration," "making 84 disinfectant with seawater as raw material," and "a secret letter" to illustrate how to use the 5E teaching mode, Project–based teaching and Problem–based instructional design and implementation of practical activities in Chemistry. Finally, the effective strategies and suggestions for the implementation effect evaluation of the Chemistry subject practice activity curriculum are put forward.

Key words: STEAM education; Chemistry practice activity course; Curriculum design

第一章　绪　论

第一节　研究背景

一、学科实践活动课程是信息时代培养创新人才的积极回应

时代发展决定人才培养的规格，进而指引教育变革的方向。人类1785年进入以蒸汽动力、铁路为特征的机器化时代，教育领域需要培养熟练技工代替手工劳动；1870年进入电气时代，科学技术方面突出的有电力、内燃机、新交通工具、新通信手段的发明使用和化工能源的开发利用，培养电气、自动化科技人才成为教育努力的方向；1969年进入以计算机、互联网、知识经济为特征的信息化时代，教育需要培养能够解决现实问题的创新应用型人才。

STEAM教育是STEM教育的延伸与发展。STEM教育是美国为应对时代挑战率先提出的一项国家教育战略，其实质是运用跨学科理念在解决现实问题的过程中培养学生的创新能力、实践能力、问题解决能力和合作能力。近年来，STEM/STEAM教育受到了全世界的关注和肯定，德国、加拿大、澳大利亚、芬兰、以色列、日本从国家层面制定了STEM教育战略，英国和韩国从国家层面直接制定了STEAM教育战略。美国等国家的STEM/STEAM教育实践证明，STEM/STEAM教育合乎新时代人才培养的趋势，特别在培养科技

创新人才方面取得了突出成绩。多个国家将 STEM/STEAM 教育提升到了立法的层面，说明 STEM/STEAM 教育改革的国际趋势逐渐形成。

科技兴则民族兴，科技强则国家强。为应对时代的挑战，世界各国都极为重视科技教育和创新应用型人才的培养。《中国教育现代化 2035》中明确指出，坚定实施科教兴国与人才强国战略。[1]新化学课程标准、新化学教材、新高考评价体系都强调在真实情境问题解决中，发展学生核心素养。但从教学实践来看，具有综合性、应用性的真实情境问题解决是学生普遍的难点和弱点，而分科教学本身就限制了这类问题的解决。STEM 教育是培养学生核心素养的很好载体。[2]绝大多数国家和地区认为，基于 STEAM 教育理念的学科课程建设是发展学生核心素养的必然趋势。[3]基础教育课程方案中提出的学科实践活动课程，为我们探索基于 STEAM 教育理念的化学课程建设提供了契机。学科实践活动课程隶属于综合实践活动课程，它兼具学科课程和活动课程的精神内涵，是课程与教学变革的新形态，也是一个较新的研究领域。

二、学科实践活动课程是深化课程改革的重要机制

（一）学科实践活动课程旨在发展学生核心素养

为应对信息时代的挑战，学生核心素养的研究与探索已经成为国际共识。2015 年 3 月我国教育部发布的《关于全面深化课程改革落实立德树人根本任务的意见》中指出，发展学生核心素养是深化课程改革的关键，而课程是发展学生核心素养的基本途径。[4]当今世界课程改革的共同趋势是强调课程的整

---

①　中华人民共和国教育部. 中国教育现代化 2035[EB/OL]. http://www.moe.gov.cn/jyb_xwfb/s6052/moe_838/201902/t20190223_370857.html.
②　王素,李正福. STEM 教育这样做[M]. 北京:教育科学出版社,2019:34.
③　杨九诠. 学生发展核心素养三十人谈[M]. 上海:华东师范大学出版社,2019:180.
④　中华人民共和国教育部.关于全面深化课程改革落实立德树人根本任务的意见[EB/OL]. http://www.moe.gov.cn/srcsite/A26/jcj_kcjcgh/201404/t20140408_167226.html.

合性，注重学科之间的相互融合。2019 年我国国务院发布的《关于新时代推进普通高中育人方式改革的指导意见》中指出，普通高中教育要加强跨学科综合性教学，培养学生的创新思维和实践能力。①

普通高中化学课程是衔接义务教育与高等教育相关课程的重要载体，是落实立德树人根本任务，发展学生核心素养的重要途径。核心素养是学生在解决实际问题中表现出来的必备品格和关键能力。高中化学学科核心素养是学生发展核心素养在化学学科中的具体表现，也是学生发展核心素养的重要组成部分。无论是普通高中课程方案还是各学科课程标准都强调实践性，要充分发挥学科实践育人功能。

新一轮课程标准围绕学生发展核心素养，强调学科间的相互关联，要求增强课程的综合性和实践性。学科实践活动课程的实质是实践参与。实践参与并不是仅让学生动手操作，其核心是引导学生参与实际问题的分析、探究与解决。然而从实践层面看，我们普通高中过分强调学科课程，实践活动课程实施流于形式，这并不利于发展学生核心素养。

（二）学科实践活动课程契合中国新高考评价体系的要求

2019 年我国国务院发布的《关于新时代推进普通高中育人方式改革的指导意见》中明确指出，坚持科学的教育评价导向，以真实情境为载体考查学生必备知识和关键能力，旨在发展学生核心素养。②2020 年我国教育部发布了《中国高考评价体系》，该体系为高中课程改革指明了方向，是试题评价的准绳和量尺，有利于从根本上解决教育评价指挥棒问题。

高考评价体系包括"一核""四层""四翼"三部分。其中，"四翼"

---

① 中华人民共和国教育部.关于新时代推进普通高中育人方式改革的指导意见[EB/OL].http://www.moe.gov.cn/jyb_xwfb/s6052/moe_838/201906/t20190619_386543.html.
② 中华人民共和国教育部.关于新时代推进普通高中育人方式改革的指导意见[EB/OL].http://www.moe.gov.cn/jyb_xwfb/s6052/moe_838/201906/t20190619_386543.html.

回答"怎么考"的问题，要求注重"基础性、综合性、应用性、创新性"。①
高考评价体系强调学生综合运用基础知识与基本技能解决实际问题，而且特
别强调以"真实情境"承载考查内容。由此可见，化学学科实践活动课程
不仅是发展学生核心素养的重要机制，也是落实新高考评价体系要求的重
要途径。

三、化学学科实践活动课程是化学课程与教学变革的新形态

实践是发展的起点。作为一线教师，实事求是地分析教育实践中遇到的
问题，并积极探索解决问题的有效路径，是促进学生成长和教师自身专业发
展的根本。下文将从研究者本人的化学教学实践及化学高考试题研究两个方
面进行实践反思。

（一）化学教学实践

近年国际 PISA 结果显示：我国学生对科学的兴趣降低；对科学探究的价
值认同感减弱；缺乏从事与科学相关职业的意愿。有学者在其报告中指出，
目前的课堂教学现状可以总结为两点：学生缺少试错的空间和机会；片面
"演绎式"，缺少"归纳式"。也就是说，课堂上老师习惯用演绎推导、举例、
练习等方式，这些方式能很好地将专家总结的经验、理论知识传授给学生，
但长期采用这种被动学习的方式导致学生不会解决实际问题，不利于应用型
创新人才的培养。而那种归纳式的，即从复杂的真实情境问题解决当中来发
现知识、建构知识的方式，有利于培养学生的实践创新能力。

知识学习与实践应用割裂是普通高中化学教育中存在的普遍性问题，具
体表现在：学生学科知识碎片化，缺乏自主构建知识体系的能力；学科知识
缺乏情境性，学生难以迁移应用学科知识灵活地应对真实生活；常规课通常

① 教育部考试中心. 中国高考评价体系[M]. 北京：人民教育出版社,2020:28—32.

采用讲授、练习等被动的教学方式，难以激发学生的学习兴趣与内在学习动机；公开课上教师为了学生活动而设计活动，缺乏深度学习，这些都不利于发展学生的核心素养。

化学教学中，经常会听到老师们抱怨：为什么已经将课本内容都掰开、揉碎、讲透了，但学生考试时还是拿不到高分？学生也苦恼：为什么课本上的例题都看懂了，知识点也都背熟了，但是遇到高考题还是觉得难？遇到高考题中的难题，更是感到无所适从？以上这些也是我在化学教学中遇到的困惑。

（二）化学高考试题研究

2017 年 6 月研究者本人参加了甘肃省高考化学阅卷质量监控工作，并在研究《普通高中化学课程标准》《普通高等学校招生全国统一考试大纲（理科·课程标准实验版）》《普通高等学校招生全国统一考试理科综合考试大纲的说明（课程标准实验版）》以及近 5 年（即 2013 年至 2017 年）全国卷（Ⅰ卷、Ⅱ卷、Ⅲ卷）高考化学试题的基础上，撰写了《甘肃省 2017 年普通高等学校招生全国统一考试化学试题评价与质量分析报告》，这让笔者对化学高考及教学有了较为深入的认识。

从 2017 年甘肃省考生的答题情况和对师生的访谈可以看出，学生存在的问题主要有以下几点：（1）综合性计算、综合实验以及信息题是学生普遍的难点和弱点，区分度最大。从卷面看，很多学生未答或者答案很离谱，这就说明很多学生对综合类题目有畏难情绪，有的学生在考场上采取直接放弃的策略。（2）缺乏全面清晰的知识网络。（3）理综答题时间不够。（4）部分考生还表现出的问题有基础知识不扎实、逻辑思维能力差、审题不清、语言表述不准确、考场上紧张不能正常发挥等。这些普遍性的问题如何解决，值得我们深思。

研究者本人通过认真研究近几年全国卷的化学高考试题有以下几点感悟：

第一，题型、分值、命题规律几乎不变。以全国Ⅱ卷理综化学试题为例来说，体现出以下规律：（1）选择题的必考题型与常考题型趋于稳定。（2）必考非选择题都遵循元素化合物综合、化学平衡及水溶液中离子平衡的综合、实验综合三大板块的考查。常见的题型有三类分别是：①综合理论型，以考查化学反应原理为主；②无机化工型，结合化学工艺考查学生综合应用元素化学知识解决实际问题的能力；③综合实验型，结合化学基本原理，综合考查化学实验。

第二，试题最明显的变化是题目的综合性与开放性程度增大。试题的综合性表现在试题素材凸显真实情境，试题中融入科技发展、资源利用、实验探究、能源开发、环境保护、传统文化等素材。通过增加试题开放度考查学生解决实际问题的能力，表现在 3 个方面：首先，问题背景开放，需要学生找准多个信息对问题进行综合分析，甚至需要转化后提出新问题，综合分析才能解决问题；其次，试题设问开放，要求学生提炼问题、分析问题、解决问题；最后是分析方法开放和试题答案开放。

第三，基于真实情境的问题比重逐年增大是试题最突出的特点。这类试题的情境与考查点紧密地与生活、科学、社会、环境等相联系，强调基于真实情境的问题解决。而真实情境的问题基本都是综合性的问题，这类问题的解决是教师普遍强调的重点，恰恰也是学生普遍存在的难点。

（三）实践反思

研究者本人认为，以上这些问题不能简单地归咎为教学任务重、复习时间紧、高考压力大等原因，归根结底还是学生化学学科素养差，化学学习能力不足造成的。传统分科课堂的根本问题就在于注重学科知识的强化与记忆，忽视了知识与实践的内在联系，学生的知识学习与实践应用割裂。

如此来看，学生会做一部分题，但考试时拿不到高分的现象也不难解释，其根本原因是不会解决实际问题。具体从学生的角度分析，有的学生不会"解题"，或有的学生会"解题"，但拿不到"高分"，这些都是由于学生不会"解决实际问题"。其中的原因很简单，与解题相比，学生解决实际问题必须经过问题转化的关键环节：将实际问题转化为学科问题，再筛选和调用相应的知识和方法解决问题。化学学科的综合性题目则更侧重于考查理解信息、分析数据、做出推测、设计实验、验证假设、得出结论这一系列思考和研究过程，但这些恰恰是我们常规的化学课堂教学中很缺乏的。从我们教师的角度分析，"题海战术""讲实验"等教学方式，不符合新课标、新教材、新高考评价体系的要求，当然也无法应对新高考。我们如何才能引导学生从"解题"到"解决问题"，从"做题"到"做人做事"，真正落实化学学科核心素养和学生发展核心素养呢？这值得我们深思。

　　教育部门从政策上提出了基础教育阶段化学课程与教学改革的方案。基础教育课程方案中规定，综合实践活动课程与学科课程并列设置，是义务教育和普通高中课程方案中规定的必修课程。学科实践活动隶属于综合实践活动。化学学科实践活动课程是化学课程与教学变革的新形态，也是解决上述教学困境的重要途径。

四、基于 STEAM 教育理念的化学学科实践活动课程是 STEAM 教育本土化的实践探索

　　近几年我国各地的 STEM①教育实践与研究陆续起步，但也如雨后春笋般发展迅速。在 STEM 课程开发与建设的积极探索中，从分科走向学科整合，从课堂走向生活、社会、传统文化等，积极改变着学校的课程与教学，主要表现在两个方面：第一，STEM 教育的领航发展。近几年中国各地开始积极探索 STEM 教育，尤其是教育发达地区（如北京、上海、深圳、广东、江苏、浙江、山东等省市）引领 STEM 教育的发展。主要表现在：宏观方面，在相关政策的积极引领下，中国教育科学研究院、各省教育厅等机构组织高规格的 STEM 教育项目，培育 STEM 教育示范区、领航学校、种子学校等；微观方面，各教育机构（教育部门、科研院所、学校、教育团体等）通过多种形式（如 STEM 研讨会、实践课题研究、优秀成果交流等），展开一系列 STEM

---

①　本研究的"STEAM 教育"是在"STEM 教育"的基础上延伸而来的，属于 STEM 教育的下位概念，故涉及到宏观层面的分析时用"STEM"，具体到本研究时用"STEAM"这个概念。

课题的研究与实践，有效推动了我国 STEM 教育的发展。第二，STEM 教育与中国传统文化的融合。中国传统文化博大精深，实践者尝试将中国优秀传统文化融入到 STEM 课程中，让学生从不同视角探究中国优秀传统文化。发展源于问题。下面从宏观与微观两个层面分析我国 STEM 课程实践中存在的问题。

（一）我国中小学 STEM 课程开发与建设中存在的共性问题

通过文献梳理，可以发现我国中小学 STEM 课程开发与建设中存在的共性问题表现在以下 5 个方面：

第一，STEM 课程缺乏"本土化"的研究与实践。从文献资料来看，STEM 教育源于美国，在美国、芬兰、英国、新西兰等国家得到了较好的发展，我国的 STEM 教育目前处于初级探索阶段，以译介为主，缺乏"本土化"的理论研究与实践探索。

第二，国家层面缺乏与 STEM 相关的课程标准。STEM 课程标准引领 STEM 课程的开发与建设，依据课程标准我们可以清晰的知道 STEM 课程"教什么""怎么教""教到什么程度"。在国外，一些发达国家从国家层面推出了 STEM 教育标准，如美国的《新一代科学教育标准》。我国目前还没有从国家层面提出 STEM 相关的课程标准。面对我国目前颁布的各学科课程标准、科学课程标准、综合实践活动指导纲要等，我们到底该如何取舍来确定课程目标，开发科学的本土化的 STEM 课程，对此一线教师困惑很多。

第三，STEM 专任教师严重匮乏，STEM 教师培养体系亟待完善。STEM 专任教师是 STEM 教育在我国扎根发展的先决条件。STEM 是一门综合课程，要求教师具备深厚的跨学科知识和丰富的教育教学技能，但目前国内 STEM 师资数量严重匮乏，同时也缺乏系统的专业培训。

第四，STEM 课程资源匮乏。STEM 课程资源的匮乏，不仅表现在以上提到的软件资源的匮乏，硬件资源也很匮乏，主要表现在教材和硬件设施上。很多一线 STEM 教师找不到适合本学段学生的教材，不得已购买或翻译国外 STEM 课程的教材，或者购买校外教育机构开发的 STEM 课程，照搬使用，效果不是很理想。

第五，STEM课程商业化、功利化，严重制约其长远的发展。很多教育科技公司自主开发STEM课程传播新的教育理念，但毕竟以营利为目的，授课教师并没有真正理解STEM教育、STEM课程体系，无法保证STEM教学活动的有效开展。另外，国内中小学科技竞赛本是评价STEM课程成果的有效手段，但有很多竞赛名义上以提升科技素养为目标，实质上却在功利导向下沦为被用来争取升学加分奖项数量的平台。

(二) 案例学校的STEM课程实践

本研究的案例学校就是研究者本人工作的学校，是北京的一所完全中学。实事求是地分析案例学校的STEM教育实践，有利于构建本土化的、适合学生发展的STEM课程。案例学校重视科学技术教育，具备现代化的科技工作室，为STEM课程开发与建设提供资金保障，为STEM教育的顺利开展奠定了一定基础。STEM课程有支持或指导型、直接交付型、校本开发型3种类型。[1]案例学校自2015年开设STEM课程以来，主要采用直接交付型STEM课程，自2020年起，尝试自主开发STEM课程。案例学校的STEM课程实践主要分为三个阶段。

第一阶段主要依赖校外教育机构开设STEM课程。案例学校的STEM课程实践虽起步较早，但自2015年开课至2019年，一直是聘请校外教育机构的教师开设STEM课程。通过课堂观察和访谈，可以知道案例学校的STEM课程建设中除上面提到的共性问题外，突出的问题是缺乏自身的STEM专任教师团队、学生的STEM学习还停留在浅层学习上。具体表现在：（1）教师缺乏对STEM课程的深入理解，课程实施策略单一、不能灵活应用各种教学策略。STEM课堂通常以一位校外教师进行教学，本校教师跟课的模式进行，无法应对STEM跨学科的挑战。（2）STEM课程流于形式，缺乏深度学习，

---

[1] 黄璐,赵楠,戴歆紫.STEM课程校本开发的国际经验与启示[J].现代远距离教育,2020(01):91—92.

学生的实践创新能力亟待提升。从课堂观察来看，有时教师提出的问题或任务的开放性不足，学生根本不用深入思考即可回答；有时教师提出的问题没有探索价值，属于浅层学习。STEM 课堂应该是开放且具有生成性的，但我们的课堂往往由教师直接提出问题，而不是引导孩子们去发现问题，引导他们学会如何解决问题。（3）缺乏 STEM 专任教师，自主开发 STEM 课程的能力较弱。前期，案例学校的 STEM 课程过于依赖校外教育机构，教师对 STEM 教育认识不深，缺乏 STEM 课程设计与实施能力。

　　第二阶段是案例学校与科研机构合作开设 STEM 课程的阶段。案例学校是北京某教育集团的成员校，集团为促进教师课程设计和教学能力提升，从 2020 年起开设了集团 STEM 共享课程，案例学校实施的两个课程是《火星基地生态舱的设计》与《会吸水的城市》。这两门 STEM 课程由研究者本人授课，课程中涉及的跨学科问题，能够及时与相关学科老师共同研讨，其间也得到了 STEM 课程专家和课程开发团队的指导和支持，但仍然属于直接交付型 STEM 课程。通过课堂观察和访谈知道，授课教师对学生有较深的了解，课程实施及效果方面比校外教师有明显提升；学生也表现出可喜的变化，比如对 STEM 课程非常感兴趣，能够积极参与课堂等。总的来说，案例学校教师的 STEM 课堂向"以学生为中心"走进了一步，但确实还有很大距离。主要表现在：全面、详细的教师用书和学生用书反而束缚了教师和学生。教师可以按部就班地实施课程方案但感到无力。对学生而言，课程内容确实"高大上"，但并不是所有学生感兴趣的。另外面对未知的知识，学生习惯了依赖百度等搜索引擎，自己思考内容较少。以《会吸水的城市》这门课程为例来说，其课程内容源自大学给排水专业内容，授课教师需要深入学习这部分知识，这存在一定困难，但关键问题是这些知识是中学生需要的核心知识吗？如何解决以上问题及困惑？这些是研究者本人思考的主要问题。

　　第三个阶段是尝试自主开发本土化的 STEM 课程阶段。多位学者关于 STEM 教育的报告和文献资料中都提到 STEM 与学科融合的重要性，研究者本人认为这主要是基于我国目前的分科教学现状，提出的可行办法。研究者本人在案例学校尝试开发以化学真实情境问题解决为导向的 STEM 课程。案例学校的 STEM 课程实践及相关课题研究得到了专家及相关组织的指导。2015年中国教育科学研究院提出"中国 STEM 教育 2029 行动计划"的行动倡议。2020 年 10 月份案例学校成功入选为全国 STEM 种子学校，为案例学校的 STEM 教育工作提供了很好的培训和资源平台，也为本研究的顺利开展提供了必要保障。

（三）实践反思

STEM 课程是发展 STEM 教育的基本方式。通过文献分析，发现 STEM 课程有 3 种类型："国家或地方非营利性组织机构"提供的支持或指导型 STEM 课程、"第三方机构"提供的直接交付型 STEM 课程、学校自主开发或与其他组织合作开发的校本开发型 STEM 课程。前两类因其打包交付且有很好的服务功能，已成为国外 STEM 课程的主要类型。国外的 STEM 课程是在其国家科学课程标准框架下开发的，若将 STEM 课程从其文化、社会和经济背景中抽离出来，以"直接交付型课程"移植到我国，必然会丧失课程所承载的文化内涵，实践表明这两类课程不能完全适应国内每个学校的发展。我国的 STEM 教育是从国外引入的"舶来品"，但是我国与国外的国情、教育背景截然不同，那么如何让 STEM 教育在中国生根发芽并茁壮成长，是 STEM 教育理论研究与实践探索中的核心问题。我们必须进行符合我国国情的 STEM 教育本土化研究与实践。

目前，我国基础教育课程方案要求，必修课程中综合课程与分科课程并存。从课程类别上来说，学科实践活动课程兼具学科课程和活动课程的精神，隶属于综合实践活动课程。从目前的综合实践活动课程实施情况来看，虽然课程中设计了一些理论联系实际的内容，但常与学科课程内容重复或者就是学科内容的实践操作。也就是说，综合实践活动课程实际上处于"边缘状态"，并没有落实到位。学校课程以分科课程为主，而且相当极端，各学科出现的问题也具有相似性。化学常规教学中主要存在的问题有：仍以知识为本、核心素养贴标签、教学方式改进流于表面等。

从研究者本人的化学教学与 STEM 课程实践中，深刻地体会到目前我国教师存在的最大问题就是长期分科教学导致的知识面过于窄化的问题，而 STEM 教育能够拓宽我们的教学及科研视野。新课标、新教材和新高考评价体系非常强调综合性问题的解决，而这恰是学生普遍的难点和弱点，本人认为分科教学本身就限制了这类问题的解决，综合性问题应该运用 STEM 这种综合多元的思维方式去解决。基于 STEAM 教育理念的化学学科实践活动课程是 STEAM 教育本土化的实践探索。

第二节　研究问题

我国的课程建设在研究和借鉴国外优秀成果时必须依据我国实际去粗取精，并且根植于本民族优秀文化的基础上进行本土化的理论研究与实践探索。STEM 教育的目的是解决实际问题，而实际问题解决中离不开人文、设计、艺术等要素，所以将"A（Art）"融入到 STEM 中，开展本土化的STEAM 教育是大势所趋。

STEAM 教育是 STEM 教育延伸而来的。STEAM 教育理念实质上体现的是一种综合多元的思维方式。从目前来看，基于学科的 STEAM 教育更适合我国学生、更具生命力。立足于现有的分科课程，遵循化学教材的学科逻辑并将其与 STEAM 教育理念进行有机融合，有利于改善化学学科内部、化学与其他学科知识间相对分散的现状，有利于培养学生的实践创新素养，符合目前教育改革和人才培养的要求。

近几年关于 STEM/STEAM 教育与化学学科相结合的研究论文层出不穷，从研究结果看，无论是教师还是学生，对于在化学课程与教学中融入 STEAM 理念都持积极态度，普遍认为 STEAM 教育有利于帮助学生在实践中运用知识，不仅能够使学生很好地理解多门学科的核心知识和技能，而且很大程度上促进了学生关键能力的提升。有研究者以河南、重庆等多省市的教师为研究对象，调查了教师对于化学学科和教材中融入 STEAM 教育理念的接受情况，数据表明，教师对 STEAM 教育与化学学科融合持肯定态度，但大部分教师都不是很清楚如何开展 STEAM 教育，也不是很清楚或者完全不清楚如何基于 STEAM 教育理念设计化学课。[①]

在研究者本人的化学教学与 STEAM 课程实践中，思考最多的是，探索 STEAM 教育与化学学科融合的有效路径。换句话说，如何在化学课程与教学中渗透 STEAM 理念发展学生的核心素养？在一些国家，STEAM 教育发展较为完善，已经进入国家必修课程，但我国 STEAM 教育还处于初期探索阶段，要想 STEAM 课程在我国扎根并获得长足的发展，就要探究 STEAM 教育与目前分科教学有机融合的可行途径，而国家提出的学科实践活动课程恰是实现二者融合的重要策略。

由此，提出本研究的核心总问题：怎样基于 STEAM 教育理念设计有利于发展学生核心素养的化学学科实践活动课程？

为解决这个问题，一方面我们要深化基于 STEAM 教育理念设计化学学科实践活动课程的理论认识，另一方面要在实践中探索怎样基于 STEAM 教育理念设计化学学科实践活动课程。基于此，确定了本研究的 3 个子问题。

子问题一：什么是基于 STEAM 教育理念的化学学科实践活动课程？

首先，深入剖析 STEAM 教育理念及其实质。其次，阐释 STEAM 教育视域下化学学科实践活动课程的内涵与特征。为基于 STEAM 教育理念的化学学科实践活动课程设计的实践探索奠定基础。

子问题二：为什么基于 STEAM 教育理念设计化学学科实践活动课程？

新化学课程标准、新化学教材、新高考评价体系都强调真实情境问题解决，而真实情境问题都是综合性的问题，分科教学本身就限制了这类问题的解决，综合性问题应该用 STEAM 这种综合多元的思维方式去解决。基于 STEAM 教育理念设计化学学科实践活动课程是本研究的一个创新之处，所以有必要从多个角度剖析基于 STEAM 教育理念设计化学学科实践活动课程的必要性和意义。

子问题三：怎样设计基于 STEAM 教育理念的化学学科实践活动课程（重

---

① 王淑婷. 中美高中化学教材中融合 STEAM 理念的比较研究[D]. 重庆：西南大学，2021：3—5.

点)？

怎样基于 STEAM 教育理念设计化学学科实践活动课程既是本研究的难点，也是本研究的重点，具体来说，根据课程设计的 4 个基本要素（即课程目标的确定、课程内容的选择与组织、教学活动的设计与实施、课程评价）设计化学学科实践活动课程，运用行动研究的方法展开实践探索，总结归纳基于 STEAM 教育理念设计化学学科实践活动课程的实践模型及策略。

从整体上来说，本研究属于实证研究，即从研究者本人的化学教学与 STEAM 课程实践中提出问题，通过行动研究和案例研究来解决问题。具体来说，通过研究解决 3 个环环紧扣的子问题，逐步深入解决"怎样基于 STEAM 教育理念设计有利于发展学生核心素养的化学学科实践活动课程？"这一核心总问题。本研究重在发展中国学生核心素养框架中的实践创新素养，选取实践创新素养中的"问题解决"作为基于 STEAM 教育理念的化学学科实践活动课程设计的依据和落脚点，原因有两个：

第一，从主要国家核心素养具体指标的国际比较可以看出，问题解决（相关表述还有问题解决能力、问题解决技能、解决复杂问题）是绝大多数国家都强调的学生核心素养。[①]经合组织提出"解决问题的能力"（problem-solving）是每个国家教育的重要课题，并且详细阐述了解决问题能力的内涵。英国 21 世纪核心素养指标体系中将问题解决作为一级指标进行详细的划分与界定。我国化学新普通高中课程标准中有 13 处涉及问题解决。化学问题解决是问题解决规律在化学学科领域的实践应用。问题解决与化学问题解决是一般与特殊的关系，二者紧密联系又相互促进。

第二，反思人才的培养，学生实践创新素养亟待提升。基础教育课程改革在过去的 20 年里取得了巨大进步，但目前来看我国实践创新能力培养方面整体效果欠佳，这是我们必须正视的问题。《中国科学技术史》的作者是英国人李约瑟，他曾提出一个令人深思的疑问：为什么四大发明（指南针、火

---

① 林崇德. 21 世纪学生发展核心素养研究［M］. 北京：北京师范大学出版社，2016：35—122.

药、造纸术和印刷术）是中国古代人发明的，而近代自然科学却起源于西欧呢？这就是"李约瑟之谜"。被誉为"中国航天之父"和"中国导弹之父"的钱学森先生，生前曾多次公开提问："为什么我们的学校总是培养不出杰出人才？"这就是"钱学森之问"。另外，从近几年公布的"国际学生评估项目"（PISA）数据，我们可以看出，我国学生在纸笔测试为主的静态学科问题解决上成绩突出，但实际问题解决能力远低于预期水平。

以上这些问题的根本原因，可以归结为应试教育的落后和创新人才的匮乏。创新实质上就是创造性的解决问题，所以问题解决是实践创新的逻辑起点。学科静态问题解决主要考查的是结构良好的学科领域的问题，这与我们分科教学目标吻合，但随着人工智能的不断发展，这类定义良好、领域清晰的问题大多都可以由计算机和人工智能设备高效解决。而我们生活中面对的大多都是结构不良的、复杂的、不确定的问题情境，这类问题强调互动性、真实性和操作性，可以更真实地反映学生解决实际问题的能力。

从化学教学实践来看，基于真实情境的问题解决是学生普遍的难点和弱点，而 STEAM 教育理念的实质就是通过综合多元的思维方式解决现实中的真实问题。本研究尝试将 STEAM 教育理念融入化学学科实践活动课程进行实践探索，聚焦在真实情境问题解决上，而真实情境问题都是没有学科界限的综合性问题。分科教学本身限制了真实情境问题的解决，那么应用 STEAM 综合多元的思维方式解决这类问题就显得至关重要，因为 STEAM 教育的目的就是解决真实情境问题。本研究试图以中学化学中真实情境问题解决为载体，通过设计与实施基于 STEAM 教育理念的化学学科实践活动课程，提升学生的化学学科核心素养，发展学生的实践创新素养。

第三节　研究目的及意义

一、研究目的

义务教育课程方案和课程标准（2022 年版）中明确规定，要巩固学科实践活动课程成果，各门课程不少于 10% 的课时开展跨学科主题学习，培养学生应用知识解决实际问题的能力。普通高中课程方案和化学课程标准中要求加强横向学科的有效配合和纵向学段的有机衔接。基于 STEAM 教育理念的学科课程建设势在必行。本研究以中学化学中的真实情境问题解决为载体，设计并实施基于 STEAM 理念的化学学科实践活动课程，提升学生的化学学科核心素养，发展学生的实践创新素养。其研究目的在于，一方面充实化学学科实践活动课程设计的理论研究，另一方面，通过实证研究提出基于 STEAM 教育理念设计化学学科实践活动课程的实践模型与策略，为相关研究提供实践参考。

将研究目的进一步细化，具体的研究内容主要包括以下 3 个方面：第一，剖析 STEAM 教育视域下化学学科实践活动课程的内涵、特征及意义；第二，进行 STEAM 教育视域下化学学科实践活动课程设计的理论研究，采取行动研究展开实践探索。第三，基于行动研究，提炼 STEAM 教育视域下化学学科实践活动课程设计的实践模式及具体策略，并以案例形式阐释。

二、研究意义

本研究是基于本人教学实践中的问题，采用行动研究法、案例研究法展开的理论研究与实践探索，既有理论意义又具有实践意义。

（一）理论意义

在学校教育中，学科课程与学科实践活动课程应该相得益彰，共同促进学生核心素养，尤其是发展学生的实践创新素养。本研究的理论意义表现在以下几个方面：

充实 STEAM 教育与学科融合的相关研究。目前在我国高中分科教学的背景下，基于 STEAM 教育理念的学科课程开发与实践势在必行，本研究基于 STEAM 教育理念设计化学学科实践活动课程是 STEAM 教育本土化的实践探索。

第一，为学科实践活动课程研究提供理论参考。学科实践活动课程研究是一个较新的研究课题，隶属于综合实践活动课程研究。从文献资料上看，关于综合实践活动课程的理论研究较多，而具体的化学学科实践活动课程的相关研究非常稀缺，而 STEAM 教育视域下化学学科实践活动课程的实证研究非常少。本研究尝试剖析 STEAM 教育视域下化学学科实践活动课程的内涵、特征及意义，充实相关研究。

第二，丰富学生核心素养培育的相关研究。从研究者本人的教学实践来看，真实情境问题解决是学生普遍的难点和弱点。另外，从文献资料上看，目前在化学学科核心素养培育的相关研究中，大多都是基于某一化学学科核心素养展开。实质上化学学科核心素养是一个有机整体，将 STEAM 教育这种综合多元的思维方式融入化学学科实践活动课程设计更加契合化学学科核心素养理念，尤其有利于发展学生实践创新素养。

（二）实践意义

本研究运用行动研究和案例研究方法展开实践探索，可以探明基于 STEAM 教育理念设计与实施化学学科实践活动课程的有效路径、课程设计模式和具体策略，兼具"学生核心素养发展—教师专业能力提升"的双重意义。

第一，提升学生化学学科核心素养，发展学生实践创新素养。化学学科实践活动课程是在尊重学生兴趣爱好的前提下，允许学生选择自己感兴趣的研究主题，灵活选用多种适当的实践活动形式进行研究。在真实情境问题解决中充分发挥他们的聪明才智，展示学生的个性与特长。学生亲自参与实验、科学探究、市场调查、动手制作、交流研讨等实践活动，能够充分调动学生的主观能动性。在化学学科实践活动中自然而然地改变学生的学习方式，提升学生的化学学科核心素养，发展学生实践创新素养。

第二，提升教师的专业能力，具体来说发展教师的跨学科专业素养和课程开发能力。长期的分科教学导致我国教师知识面窄化，缺乏跨学科课程设计能力和勇气，这是我国教师普遍存在的问题。设计与实施基于 STEAM 教育理念的化学学科实践活动课程，不仅要求教师要掌握先进的课程理论知识，还要求教师借助课程开发平台，将自己专业知识与相关领域进行无缝衔接，灵活整合课堂内容，创造性地组织课程资源，在课程开发中让自己成长为具有跨学科素养的化学教师。基于 STEAM 教育理念的化学学科实践活动课程设计与实施是教师与课程开发共同体的行动研究，促使教师深入到课程开发中，提升教师的专业能力。

第二章 文献综述

第一节 STEM 教育研究

发展至今，STEM 教育的内涵和外延越来越丰富，涉及的学科和领域越来越宽泛，也延伸出很多 STEM 教育的下位概念，如 STEAM、A-STEAM、STEM+、E-STEM 等。本研究的"STEAM 教育"是在"STEM 教育"的基础上延伸而来的，属于 STEM 教育的下位概念，故涉及宏观层面的分析时用"STEM"，具体到本研究时用"STEAM"这个概念。

通过运用"CNKI 中国优秀硕博学位论文全文数据库""CNKI 中国期刊全文数据库"，以"STEM"及"STEAM"为主题搜索资料，通过对核心文献的题目、摘要、关键词进行归类分析，可以梳理出国内、国外 STEM 教育研究的主要内容，如下表所示：

表 2-1 国内、国外 STEM 教育研究的主要内容

国 内		国 外	
研究方向	研究内容	研究方向	研究内容
对国外 STEM 教育的研究	美国、加拿大等国家 STEM 教育的发展脉络、理论、政策与制度、实施、师资培训	STEM 教育宏观层面的研究	STEM 教育公平、制度与政策等；STEM 教育的发展脉络

续表

国 内		国 外	
研究方向	研究内容	研究方向	研究内容
STEM 教育中外比较研究	STEM 教育理论与实践的对比研究、STEM 教育的本土化研究	STEM 教育微观层面的研究	STEM 教育的价值、意义；如何提升学生对 STEM 教育的兴趣；STEM 教育与学生学业成就、能力方面的研究
STEM 教育理论研究	STEM 教育的概念、内涵、特征、原则、学科整合方式	STEM 教育理论研究	STEM 教育的概念、内涵、素养、特点等
STEM 教育实践研究	STEM 课程、教学、实施、案例等	STEM 教育实践研究	STEM 课程发展、开发、实施、评价、案例、教学方法、师资培训、资源整合等；STEM 教育实施效果与阻碍研究；STEM 教育实践与评价研究

　　从上表可以清晰地看出，STEM 课程是落实 STEM 教育的重要途径，在国内外研究中都属于 STEM 教育实践研究的范畴。本研究重点梳理国外与国内 STEM 教育研究的现状。

一、国外 STEM 教育研究

（一）美国 STEM 教育的发展历程

　　STEAM 教育源于 STEM 教育，而 STEM 教育发起于美国。梳理 STEM 教育的发展历程，有利于我们去粗取精，认识其实质，建设与开发我国本土化的 STEAM 教育。美国对 STEM 课程的研究较为深入，较为全面，发展至今已经形成相对成熟的 STEM 教育体系。

1980 至 2000 年是 STEM 教育思想萌芽期。1986 年美国国家科学基金会（National Science Foundation，简称 NSF）发布了《本科的科学、数学和工程教育》报告，提出打破学科界限，整合科学、数学、工程与技术的教育理念，称之为 SMET 教育。①1996 年，美国国家学科基金会（National Science Foundation）发布了《塑造未来：本科教育振兴战略》②，总结了 SMET 教育的经验与教训，认为师资不足严重阻碍 SMET 教育发展，提出通过多种途径大力培养 SMET 教师。

2001 年至 2005 年是 STEM 教育概念建构的完善阶段，以 2001 年 SMET 正式更名为 STEM 为标志。美国国家工程学院详细阐释了"工程"的内涵，提出"工程"将科学、技术、数学学科更加紧密的结合到一起，促成了 STEM 概念的完整建构，促使 STEM 课程与教学、STEM 教师专业能力等方面得到了较大的发展。

2006 年至 2011 年是 STEM 教育多样化发展阶段。美国政府从国家战略层面，强有力地整合各相关力量，通过财政、项目、法令等一系列措施推动 STEM 教育理论和实践的蓬勃发展。2006 年《美国竞争计划》强调科学与工程对 STEM 教育发展至关重要，同时增加了 STEM 教育发展的财政投入。③2007 年美国制定的《21 世纪技能框架》强调知识的实践应用和跨学科学习。④《2010 年美国竞争再授权法》明确提出要提高本科 STEM 教育就读率和毕业率，提升课程质量，加强教师队伍建设。《总统 2012 预算要求和中小学教育改革蓝图法案》决定投入巨资有计划有组织地培养数万名 STEM 专职教师推

---

① 李小红,李玉娇.美国推进 STEM 教育的策略[J].比较教育研究,2019(12):87.

② Shaping the Future: Strategies for Revitalizing Undergraduate Education. Proceedings from the National Working Conference[EB/OL].https://www.nsf.gov/publications/pub_summ.jspods_key=nsf9873.1996.

③ National Science Foundation. American Competitiveness Initiative [EB/OL]. http://www.nsf.gov/attachments /108276/public/ACI.2006.

④ Partnership for 21st Century Learning. Framework for 21st century Learning [EB/OL]. http://www.p21.org /our-work/p21-framework.2009.

进 STEM 教育的发展。

2012 年起 STEM 教育进入标准化课程建设时期，课程专家引领各方力量构建纵横衔接的一贯制课程体系与实施标准。2011 年至 2013 年美国先后公布《K–12 科学教育框架》（A Framework for K–12 Science Education）、《新一代科学教育标准》（Next Generation Science Standards，简称 NGSS）。新一代科学教育标准的颁布和一大批 STEM 学校的建立，标志着 STEM 课程以学生必修课的身份成为国家课程，强有力地推进了 STEM 教育的标准化课程建设。NGSS 主张从科学与工程实践、学科核心概念和跨学科概念 3 个维度进行整合。[①]2013 年，《联邦 STEM 教育五年战略计划》全面阐释了落实 STEM 教育的具体措施。2014 年美国总统奥巴马将创新理念提升至新的高度，签署了《2015 年 STEM 教育法案》，正式将计算机科学纳入了 STEM 教育的范畴，强调聚集各方力量继续推进 STEM 教育的新发展。[②]2017 年的"总统 STEM 教育备忘录"，要求联邦政府从资金、教师培训、社会企业等方面，加大对科学、技术、工程以及数学专业教育的支持。

（二）其他国家的 STEAM 教育

芬兰是从 STEM 教育中发展为 STEAM 教育的。其最为典型的是"LUMA 计划"，至今已有 20 多年的发展历史。我国有学者通过梳理 LUMA 计划的发展历程，发现芬兰集合众多社会力量建立了结构紧密且完整的多方协作 STEM 教育生态系统。LUMA 计划在基础教育中的实践主要包括：深度参与相关教师教育和培训工作、与中小学开展 STEM 教育合作等，已形成了特色的 STEM 教育发展模式。[③]

---

① National Research Council. Next Generation Science Standards ［EB/OL］. http://www.next– Gen-science.org.2013.

② U.S.Congress. STEM education Act of 2015 ［EB/OL］. https://www.congress.gov/bill/114th–congress/house–bill/1020.2015.

③ 赵佩,赵瑛.芬兰 LUMA 计划对我国基础教育阶段 STEM 教育生态系统构建的启示[J].教师教育论坛,2020,33(8):74—76.

2011 年英国科学技术与艺术基金会发布了《未来一代》报告，倡导将艺术类课程融入 STEM 教育，这是英国 STEAM 教育的开端。2014 年英国 STEAM 教育获得了联合政府等各党派的大力支持，联合投资建设 STEAM 大厦研究中心，并且 STEAM 教育正式进入中小学的课堂。韩国是越过 STEM 教育直接开展 STEAM 教育的，政府指定整合型人才在中小学教授 STEAM 课程，并建立示范学校，组织带动整个中小学 STEAM 教育的发展。

（三）我国对国外 STEM 教育的研究

我国学者对国外 STEM 教育的研究内容主要表现在以下 4 个方面：

第一，对科学教育及教材的研究。认识科学课程的教学内容及科学教育的发展状况，有利于优化完善我国的科学教育。有研究通过对比分析美国和中国科学教材发现，两国的科学教材在科学知识点、难度、综合性、实践性等方面存在显著差异，美国教材科学知识点多且覆盖面广，难度大、重视学生的自主探究。[①]

第二，对技术、工程教育的研究。包容性 STEM 高中是促进 STEM 教育公平的新模式，也是美国 STEM 高中改革的新浪潮。[②]另外，工程及工程设计在美国 K-12 技术教育框架及课程的各个方面都有重要作用。[③]

第三，对不同学段 STEM 课程建设与开发研究，这个层面的研究数量较多，范围较广。通过研究国外 K-12 阶段或某一学段的 STEM 教育，总结提炼优秀的设计理念、方法及策略，结合本土的教育环境构建 STEM 课程。通过研究美国大学 STEM 课程教学改革，认为翻转课堂能有效促进 STEM（理工科）专业学生的深度学习。[④]

---

① 张韵,李芒等.基于 STEM 框架的中美科学课程教材比较研究[J].外国中小学教育,2016(6):48—56.
② 董泽华.包容性 STEM 高中:美国 STEM 高中改革的新浪潮[J].基础教育,2019(1):73—82.
③ 管光海,盛群力.美国 K-12 技术教育的工程转型:缘起、进展与启示[J].外国中小学教育,2017(2):19—27.
④ 谭积斌.美国大学 STEM 课程教学改革研究[D].桂林:广西师范大学,2018:47.

第四，对 STEM 课程类型与课程资源方面的研究。有研究者深入探讨了美国"校外 STEM 课程"，对我国校外科技课程发展的参考价值。[①]美国"变革方程"提供了基于网络的资源共享平台，有利于实现优质资源共享，构建和谐共生的 STEM 教育生态系统，有力推进 STEM 教育的开展。[②]

二、国内 STEM 教育研究

我国 STEM 教育的理论研究与实践起步较晚，但近几年也如雨后春笋般发展迅速。研究内容，主要包括以下几个方面：

（一）STEM 教育整合与跨学科学习的相关研究

世界各国 STEM 教育的核心特征是实现从"分科"到"融合"的课程整合，这方面的研究主要表现在从宏观、微观角度研究学科整合、跨学科理念。有研究者通过对美国等 10 多个国家基础教育阶段的 STEM 相关文件内容，进行横向整合和纵向整合两个维度的分析，剖析了各国在整合课程方面的特色和趋势，提出我国的 STEM 课程设计可以根据跨学科大概念组织课程内容，以表现期望的形式呈现教学目标，并且要注重知识与能力的衔接。[③]美国整合性 STEM 教育框架，首次提供了涵盖 K-12 阶段的整合性 STEM 课程资源，提出了可借鉴的 STEM 课程路线图及实施策略。[④]"集成式 STEM"将科学与工程问题紧密结合，能够实现跨学科的教学目标与教育价值。[⑤]

对 STEM 教育的特性，国内学者大多赞同余胜泉教授的观点，他提出

---

① 郭明俏.美国"校外 STEM 课程"研究[D].重庆：西南大学,2017:117.
② 宋怡,马宏佳等.美国"变革方程"引领下的 STEM 课程项目：开发、应用与共享机制[J].外国中小学教育,2017(9):60—67.
③ 李春密，赵芸赫.STEM 相关学科课程整合模式国际比较研究[J].比较教育研究,2017(5):11—17.
④ 宋怡,马宏佳等.美国 K-12 整合性 STEM 教育框架：理念、课程路径与支持系统[J].当代教育论坛,2020(2):65—74.
⑤ 叶兆宁,杨元魁等."集成式 STEM"课程如何实现各领域的集成[J].人民教育,2016(12):58—63.

STEM 教育的跨学科性、趣味性、体验性、情境性、协作性、设计性、艺术性、实证性、技术增强性 9 个核心理念。①整合型 STEM 教育项目的设计模式包括主题、任务、支持信息、程序信息和练习 5 个基本要素，据此可以设计基于跨学科大概念的项目。②STEM 教育是一个有机整体，要从学科本质属性出发，超越学科边界，从学科知识、问题情境和学习者 3 个视角进行有机整合。③运用质性与量化相结合的研究方法对国内外 STEM 优秀课程案例进行研究，借鉴权威的 STEM 课程整合评价工具，有利于揭示我国 STEM 课程建设中的薄弱点。④

（二）STEM 与各类课程融合的研究

目前，我国 STEM 课程研究主要是关于 STEM 与某一具体学科相结合的研究。STEM 与信息技术相融合的研究居多，如机器人课程、VR 课程和 3D 打印课程等。这里主要梳理 STEM 与综合实践活动课程、科学、物理、生物、化学学科的研究。有研究者构建了小学综合实践 STEM 科学课程的 QCE （Question 问题、Cycle 循环、Evaluation 评价）模型，能够很好地提升学生的 STEM 素养。⑤指向创客培养的 STEM 课程问题情境主要有实地考察类、实际问题类、游戏或活动类、趣味故事类、实验类和现代信息技术类。⑥

STEM 与物理学科融合方面，有研究者从课程的 4 个基本要素方面对中外 STEM 教育进行了比较分析，开展了 STEM 教育与高中物理教学融合的实

① 余胜泉,胡翔.STEM 教育理念与跨学科整合模式[J].开放教育研究,2015,21(4):13—21.
② 杨彦军,饶菲菲等.基于整体设计方法的整合型 STEM 教育项目设计研究[J].开放教育研究, 2019,25(1):99—106.
③ 王林.从"分科"到"融合":STEM 课程整合的困境与创新路径[J].上海教育科研,2018(12): 71—75.
④ 闫寒冰,王巍.跨学科整合视角下国内外 STEM 课程质量比较与优化[J].现代远程教育研究, 2020,32(2):39—46.
⑤ 杨艳.基于 QCE 模型的小学综合实践 STEM 课程设计与开发研究[D].石家庄:河北师范大学,2017:43.
⑥ 赵燕.面向创客培养的 STEM 课程问题情境设计[M].上海:华东师范大学,2016:37—48.

证研究,为我国 STEM 与具体学科课程整合的本土化设计提供了有益借鉴。[①]
6E 设计型学习模式是物理课程融入 STEM 教育理念的适切形式。[②]STEM 与生物学科融合方面,有研究者从课程标准、教材和教学过程 3 个层面,分析了美国中学生物教育中的 STEM 理念,探讨了其对我国中学生物学 STEM 课程建设的启示。设计与实施 STEM 课程不仅能够促进学生生物技术素养的提升,也能够提高学生生物成绩、生物课堂参与度、生物学习兴趣。[③]

STEM 与化学学科融合方面,有研究者认为 STEM 教育与综合课程的紧密联系表现在其教育理念、教育目标及实施形式等方面,通过实证研究表明化学课程中融入综合课程理念完全可行且能提升学生各方面的能力。以美国和国内融合化学学科的 STEM 课程案例为研究对象,对课程的基本要素逐一进行对比分析,可以较好地总结提炼 STEM 课程的设计要素、设计特点和评估体系。[④]采用中学化学与 STEM 教育相结合的新的教学模式进行教学,有利于提升学生的信息表达能力、团队合作能力、动手操作能力和综合运用知识的能力。[⑤]通过建立化工主题内容的分析模型,对国内三套现行中学化学教材进行分析研究后,认为 STEM 这种跨学科教育非常重视工程以及工程设计在整个体系中的作用,人教版的化学教材更好地体现了情境、工艺思维和工程思维,鲁科版的化学教材更契合 STEM 教育理念,苏教版教材侧重化学工艺。

(三) STEM 教育对思维、能力培养的研究

STEM 教育的价值主要体现在对学生实践创新能力、问题解决能力、合

---

① 陈允怡. STEM 教育与高中物理教学的融合研究[M].广州:华南理工大学出版社,2020:1—3.
② 谢丽,李春密.物理课程融入 STEM 教育理念的研究与实践[J].物理教师,2017,38(4):2—4.
③ 王静. STEM 课程对高中生物技术素养的提升探究[D].杭州:杭州师范大学,2017:53—55.
④ 杨水华.融合化学学科的 STEM 课程案例分析及启示[D].大连:辽宁师范大学,2019:53.
⑤ 陈济平.在初中化学教学中实施 STEM 教育的研究[D].呼和浩特:内蒙古师范大学,2018:43—44.

作能力及思维培养上。从文献可以看出，STEM 课程对各种思维培养的研究居多，对能力研究较少。科学教育界将"critical thinking"翻译成批判性思维或审辩式思维，这是科学教育的重要目标。以个案研究的方式，勘探 G 附中的 STEM 课程教学理念、师资力量，并且深入 G 附中进行 STEM 课程设计与实施，实践表明 STEM 课程能够显著地提升学生的审辩式思维。① "支架 +" STEM 教学模式，有助于培养学生批判思维及实践创新能力。②STEM 教育在培养学生计算思维中发挥着重要作用。③有研究者提出指向计算思维培养的 STEM 课程设计策略与结构框架，并且以案例形式进行解释和说明。④将设计思维融入 STEM 教育活动不仅有助于培养学生的创新能力和综合素质，还有助于培养学生的同理心、意志品质、元认知、跨领域素质、沟通能力以及高阶思维能力。⑤

　　基于设计的 STEM+C 的教学模型，强调利用 STEM 融合计算（Computing）的基于设计的教学方法帮助学生解决模糊、弱构的真实世界的复杂问题，研究表明此模型能有效提升学生的问题解决、批判思维、算法思维以及协作思维能力。⑥STEM 教育中培养科学思维的策略包括：创设情境、发现问题；观察思考、确定问题；头脑风暴、合理设想；协作探究、科学推理；检验结果、证实推测；检视过程、深入反思 6 个步骤，需要教师全程进行指导。⑦ 思维是多元的，STEM 教育能够有效培育学生的多元思维。⑧

———————

① 卓雪妹.用 STEM 课程培养学生审辩式思维[D].桂林市：广西师范大学,2019:44—45.
② 潘星竹,赵蔚等."支架 +"STEM 教学模式设计及实践研究[J].现代远距离教育,2019(3)：56—63.
③ 朱珂,贾鑫欣.STEM 视野下计算思维能力的发展策略研究 [J].人民教育,2018,28(12)：115—120.
④ 李锋.中小学计算思维教育：STEM 课程的视角[J].中国远程教育,2018(2)：44—49.
⑤ 叶兆宁,周建中等.以设计思维开发和实施 STEM 课程[J].人民教育,2020:56—59.
⑥ 李幸,张屹.基于设计的 STEM +C 教学对小学生计算思维的影响研究 [J].中国电化教育,2019(11)：104—112.
⑦ 王奇伟.小学 STEM 课程中工程思维培养的教学设计研究[D].上海：上海师范大学,2016:39.
⑧ 周迎春.给课堂添加"高阶思维"——以 STEM 课程实施为例[J].人民教育,2018(12)：69—72.

（四）STEM 与问题解决研究

关于问题解决与 STEM 课程的研究相对匮乏。针对初中学段的学生开设与机器人相关的 STEM 课程，采用 PBL 教学模式授课，能够提高学生对 STEM 复杂问题的解决能力。[①]基于 STEM 理念的项目式学习能够有效提高初中学生的问题解决能力。[②]根据现状与需求，设计与构建出 STEAM 教育网络平台，并且运用此平台设计与实施 STEAM 课程发现，基于问题解决能力培养的 STEAM 教育平台对提升学生问题解决的各方面都产生积极影响。基于协作问题解决的 STEM 教学模式展开教学，效果明显优于传统的探究式学习模式，不但能明显提升学生的协作问题解决能力，而且善于协作解决问题的小组，设计完成的作品更加优秀。[③]

三、研究述评

通过梳理并分析国内外 STEM 教育研究现状，对我国 STEM 教育的启示包含以下几个方面：

（一）国外 STEM 教育对我国教育研究的启示

分析国外 STEM 教育的相关研究，对我国 STEM 课程建设的启示有以下几点：

第一，国家强有力的政策与制度推动了 STEM 教育理论研究与实践发展。美国 2007 年发布的《学术竞争力委员会报告》、2012 年发布的《K-12 科学

---

① 郭晓萌. PBL 对学生解决 STEM 复杂问题能力的研究[D]. 上海：上海师范大学，2017：48—49.
② 陈玉华. 基于 STEAM 理念的初中生问题解决能力培养策略[D]. 广州：广州大学，2018：28—42.
③ 朱玲敏. 基于协作问题解决的 STEM 教学设计与应用研究［D］. 武汉：华中师范大学，2019：51—54.

教育框架》和2013年发布的《新一代科学教育标准》这3个重要文件有力推动了美国STEM课程的开发与建设，由此也可以看出美国STEM课程目标重在培养学生的问题解决能力、实践创新能力。我国在STEM课程标准方面也在进行积极探索，新颁布的《义务教育课程方案和课程标准（2022年版）》强调跨学科课程建设，规定各学科实践活动课时不低于本学科总课时的10%。

第二，STEM课程发展必须要建立、健全社会联动机制，不仅需要充分发挥课程专家的引领与规范作用，也要联合各方"行动者"发挥多元主体作用，在竞争与合作中共同推进STEM课程建设。STEM教育是一项由多方力量共同参与的系统工程。如美国STEM课程机构在国家政府强有力的支持下，集结社会众多力量共同进行课程开发，影响力较大的是"项目引路"（Project Lead To the Way）和"变革方程"（Change the Education）。"项目引路"计划汇集了科研机构、科技领先企业、慈善机构等社会机构共同合作开发课程，比如与美国宇航局共同开发了《初等工程》的系列课程。"变革方程"这个机构的重要贡献是建立了项目资源库"STEM works"，是一种课程资源共享平台，提出了课程项目的设计原则和评价体系，供STEM教师学习和使用。

第三，STEM课程开发既要遵循课程发展的一般规律又要契合我国当前教育发展背景与育人目标。我们要在借鉴、吸收国外STEM教育精华的基础上，结合我国实际情况开展本土化的STEM教育，STEM课程建设应以落实中国学生发展核心素养及各学科核心素养为目标。

总体来说，国外的STEM教育强调从国家层面制定长远的STEM教育战略与发展规划，通过颁布和实施一系列相关政策，联合多方力量制定可行的行动计划，确保STEM教育蓬勃发展。

（二）对STEM教育整合、跨学科学习相关研究的启示

分析国内学者对STEM教育整合、跨学科学习相关研究可以看出，国外学者，尤其是美国学者坚持从多方位、多视角研究学科整合，提升学生综合能力，特别是实践创新能力。美国主要采用内容整合、辅助式整合和情境整合3种方式进行STEM课程内容的整合。内容整合是指利用大概念统摄课程

内容；辅助式整合是指以某一学科为主，融合其他学科整合内容；情境整合是指以真实情境问题解决整合内容。通常把科学、技术、工程与数学整合作为 STEM 课程内容，重点发展工程教育，究其原因我认为，通过整合工程类课程不但可以激发学生学习兴趣，还有助于整合 STEM 的 4 个学科。

对我们的启示有两点：第一，我国基础教育领域的 STEM 教育现阶段需要实现科学与工程的整合。因为工程类课程的内在特点是运用基本理论与方法，能够在有限的条件下实现对课程知识较为系统和整体的把握，所以工程是"联结"科学、技术和数学的必要"通道"。这一点在美国的 STEM 教育发展进程中也是显而易见的。在实践中，我们可以针对物理、化学、生物等特定学科内容开发设计整合课程，实现科学探究与工程设计的有机结合。第二，课程设计与实施对我们理解和掌握工程的基本原理具有重要的作用，也是我们由理论研究通往工程实践的桥梁。

（三）对 STEM 与各类课程融合研究的启示

对 STEM 与各类课程融合研究的分析，我们可以看出，我国学者在研究美国 STEM 课程融合的基础上，提出了本土化的课程整合观点，有些是从 STEM 视角研究其他学科，有些是从其他学科视角研究 STEM。但目前我国对于 STEM 课程从整合的角度来设计的科学、技术、工程和数学课程的研究仍然比较缺失。同时值得我们学习的是，国外学者更加注重跨学科整合，课程内容上注重选择非常具有社会现实意义的问题或主题展开活动设计，如全球变暖严重威胁企鹅的生存，学生设计制作冰屋给企鹅居住；再如为战争中失去手臂的女孩设计假肢等，这些更有利于激发学生的内在学习动力，提升学习者的实践能力和创新能力。所以我们可以尝试以生活经验和真实情境为基础，通过工程设计进行多学科整合。

（四）对 STEM 教育研究的整体述评

从文献上看，国内外学者们关于 STEM 教育达成一致的观点有：第一，目前 STEM 课程的定位大多学者赞同是跨学科的综合性课程。在 STEM 课程开发中我们必须理清 STEM 教师、STEM 课程资源、STEM 课程实施与 STEM 课程评价几个核心要素。第二，STEM 课程设计时，我们要加强课程与教学的整合并且完善课程评价，真正实现 STEM 课程的核心价值。实践创新、问题解决、合作能力、思维等的提升作为 STEM 课程评价的依据，有利于促进课程与教学的整合，落实学生发展核心素养和 STEM 素养。第三，基于项目的教学模式、基于问题的教学模式、基于工程设计的教学模式及 5E 教学法是 STEM 课程实施的主要教学方式。

我国 STEM 课程理论与实践研究取得了一定成效，但整体来看还处于初步探索阶段。有以下情况值得我们思考：（1）我国 STEM 教育研究中应用性、实证性和个案性的研究成果较少，研究主要集中在理论层面，以译介为主，在此基础上提出对我国 STEM 教育的启示或建议，缺乏实证研究。（2）国外关于 STEM 课程的研究较为细致，具体涉及 STEM 课程设计的原则、意义、师生关系、学龄阶段、场所、优势与局限等微观层面，而我国对课程理论与实践中具体目标的确立、内容的选择、教学活动的实施、评价等方面缺乏深入、细致的研究；关于 STEM 案例的研究通常只呈现课程成果，对课程案例实施过程、实施效果，缺乏深入研究。（3）基于我国真实的、根本性 STEM 教育问题的本土化研究较少，研究成果零散、不成系统；同时也缺少对国内中小学 STEM 教育的现状、问题、经验等方面的总结和分析。

第二节 化学学科实践活动课程研究

一、学科实践活动的内涵

综合实践活动课程是我国特有的课程类型，属于国家必修课程。本研究的化学学科实践活动课程隶属于综合实践活动课程中的学科实践活动，故本研究主要梳理我国化学学科实践活动课程的研究现状。

国内有学者提出从课程界定、课程价值、课程特性、课程建设目标、课程内容及实施、教师角色转型等角度构建学科实践活动课程，认为学科实践活动课程是隶属于国家课程，着眼于活动课程的学科课程，其角色是融合曾经对立的活动课程和学科课程。学科实践活动课程价值体现在渗透价值观教育、加强五项能力培养、培育综合素养。学科实践活动课程具有综合性、实践性、开放性、探究性、生成性和学术性的特征。^①

　　学科实践活动的基本要素有"学科实践主体""学科实践客体""学科实践需要、目的与工具""学科实践行为与操作"以及"学科实践结果"。从活动范围、活动取向、活动方式 3 个方面可以将学科实践活动划分为三类：（1）课时内、单元内、跨单元学科实践活动；（2）先学后用、用以致学、学用合一取向的学科实践活动；（3）动手操作类、体验理解类和设计创作类实践活动。可从活动目标、活动内容、活动方式、活动过程及活动水平 5 个方面建构指向大概念的学科实践活动设计框架。^②

二、化学学科实践活动课程的相关研究

　　化学学科实践活动课程的设计与实施，能够有效地提高学生的实践动手能力，培育学生的创新意识。当前初中化学学科实践活动课程存在的主要问题有两点：一是很多学校的学科实践活动流于形式，并没有达到课程方案中的相关规定。二是教师对学科实践活动课程的认识匮乏，缺乏开展学科实践活动课程与教学的能力。^③

　　我国有学者指出化学学习活动应该与知识类型相对应：中学化学课程中有关物质组成、结构、性质变化等事实性知识，可以在学习活动中感知、接受、理解并记忆，通过练习再现和简单应用巩固知识，即在"理解中学"。有

　　① 朱传世.全面构建学科实践活动课程[J].北京教育,2016:44—47.
　　② 姚茹.指向大概念的学科实践活动设计研究[D].成都:四川师范大学,2021:75.
　　③ 石明月.初中化学学科实践活动课程的设计及实施研究［D］.沈阳:沈阳师范大学,2020:57—58.

关化学研究方法、学习策略的知识，需要学生用科学探究的方式学习新知识，解决新问题，也就是在"做中学"。有关学科思想和价值观知识的学习，需要在化学核心知识和方法的习得过程中体验、反思，获得感悟和认同，在"悟中学"。

从多样化视角设计化学学习活动。根据化学学习的课题不同，有的活动是学生个体为主完成的，如简单概念、事实性知识的学习；也有的活动是学生群体协作展开的，如实验探究化学原理、设计与制作等。探究性学习活动可以围绕着某个问题的探究或某项任务的完成来设计或组织要完成的具体学习活动，包括活动的内容、形式、操作流程及成果。根据学生的实际水平设计学习活动。学习者运用已有的基础知识和认知能力，通过自己的努力和学习伙伴之间的合作，加上教师的启发指导和帮助，可以顺利地解决问题。学习活动要有一定的挑战性，才能引发学生的高级思维活动。一个教学单元往往包含多项不同的学习活动，其要求和复杂程度不同，活动设计要体现层次性，呈递进式安排。①

化学实验是科学探究的载体。对一节课而言，涉及多种不同的知识，不同的学生活动也往往是相互关联、融合在一起的。实验探究是化学教学中最常用的活动方式，通过对实验中不同现象的分析、推理，可以揭示复杂的、抽象的化学概念及原理。化学实验教学既是学习物质性质、变化、制备和合成相关的知识与技能的最好实践活动，也是充分发挥学生想象力和创造力的活动过程。学生可以在实验探究过程中，根据实验任务的目标，动脑设计，动手操作，充分感受和体验化学知识的产生过程，基于证据进行推理、论证，结合"异常现象"培养学生的批判精神和创新意识。②

---

① 王云生.探索课堂学习活动设计 落实核心素养培养要求[J].化学教学,2016(9):3—6.
② 王祖浩.普通高中课程标准(2017年版 2020年修订)教师指导(化学)[M].上海:上海教育出版社,2019:234.

三、其他学科实践活动课程的相关研究

参与高中生物学科实践活动能很好地提升学生的创新思维能力、合作沟通能力和逻辑思维能力，同时学生收集、总结归纳信息的能力也大幅度提升。[1]常见的生物实践活动类型有：主题探究类、应用制作类、参观考察类、综合实践类等，不同类型的实践活动按不同的策略和步骤实施[2]。有研究者详细阐述了生物学科实践活动在生物课程学习中的功能和价值，并提出了有效开展生物学科实践活动的策略与建议。

物理实践活动是学生在教师的指导下，开展形式多样、丰富多彩的实践活动，并对活动中的某些问题进行研究。物理实践活动与物理学科课程相辅相成，以落实学生核心素养为目标。[3]

2015 年北京实施初中开放性科学实践活动课程。其他省市的基础教育课程方案中也相继提出科学实践活动和学科实践活动课程的计划与安排。有效推动开放性科学实践活动课程实施的 4 个环节是：学会选择，上好"选课指导课"；动手实践，做好"现场实践课"；相互分享，重视"成果展示课"；双向促进，组织"学科回归课"。[4]

高中地理实践活动课程开发要遵循主题性、项目性、问题性和可行性的原则。开发地理实践活动课程，要重点关注以下几点：明确课程开发的内容和要求；挖掘、优化本土化的地理课程资源；构建地理实践课程评价体系；加强课程开发团体的建设；优化实践课程开发的环境。[5]

① 赵思杨.高中生物学科实践活动的效能评价与创新能力培养[D].大连:辽宁师范大学,2015:30—36.
② 林其锋.初中生物与环境实践活动校本课程的开发与实施[D].广州:广州大学,2013:39—45.
③ 赵薇.初中"物理实践活动"初探[J].学科教育,2000(11):1.
④ 杨志成.选·做·展·归:"开放性科学实践活动"课程的四环节实施建议[J].学与教,2016(6):40—41.
⑤ 曾叶.成都市 S 中学高中地理实践课程开发研究[D].南充:西华师范大学,2019:32.

也有少量研究是围绕 STEM 教育与活动课程展开的。有研究者设计并实施了 STEM 教育理念下题为"健康生活"的初中生物活动课程，结果表明，学生通过生物 STEM 活动课程的学习，STEM 素养水平得到了提升。具体体现在：学生在 STEM 课程学习中，学生的合作沟通能力、科学探究能力、问题解决能力和实践创新能力都得到提升，尤其是调动了学生对生物学习的内在学习动力和持久兴趣。[①]

基于 STEAM 理念的综合实践活动课程的核心要素是培养学生具备优化迭代的工程思维，这使得学生的设计方案更合理、过程更清晰、结论更科学、作品更新颖。[②]政治学科实践活动课程的相关研究较多，比如有研究者提出开展道德与法治学科实践活动，以突显学科的德育功能，促进教学方式的改进。也有研究者将逆向设计理念运用到高中思想政治活动型学科课程教学中。除此之外，还有语文综合实践活动课程、英语综合实践活动课程、数学综合实践活动课程的相关研究。

四、研究述评

学科实践活动课程与综合实践活动课程既有联系，又有区别。学科实践活动课程与综合实践活动课程的联系主要表现在以下几点：第一，从本质上来看，学科实践活动课程与综合实践活动课程属于实践活动课程。纵观实践活动课程的相关研究可以看出，构建实践活动课程模式，一般有以下几个阶段：创设问题情境；提出解决方案；动手实践改进；分享原创作品；完善作品设计；多元评价反思。第二，综合实践活动课程和学科实践活动课程都强调综合性、应用性，将真实情境问题转化为活动主题，通过科学探究、实验、调查研究、设计制作、体验等方式，发展学生核心素养。第三，从课程开发

①　袁学蓉.STEM 教育理念下初中生物活动课程的设计与实践研究[D].哈尔滨:哈尔滨师范大学,2020:65—66.

②　许丽美.以 STEAM 理念为引领的综合实践活动课程建构[J].教学与管理,2018(11):21—23.

层面看，综合实践活动课程与学科实践活动课程在课程开发理念、课程目标确定、课程内容选择与组织、课程实施、课程评价等方面有很多相通的地方，可以相互借鉴。第三，学科实践活动与综合实践活动都强调学生通过真实情境问题解决的实践活动，学习各学科的必备知识，掌握科学探究和问题解决的思路与方法，提升关键能力，发展学生核心素养。

学科实践活动与综合实践活动也有区别，主要表现在概念的外延与名称上。一方面，综合实践活动的外延比学科实践活动的外延要广泛。综合实践活动课程是基础教育课程体系的重要组成部分。新修订的义务教育课程方案和各学科课程标准完善了课程内容结构，要求以发展学生核心素养为目的，设置"跨学科主题"学习活动，要求各学科至少有 10% 的学时用于开设学科实践活动课程，强调课程的跨学科性、综合性、实践性。各省市的高中课程方案中也有相类似的规定或要求。由此可见，学科实践活动课程隶属于综合实践活动课程。另一方面，从名称上来看，语文、数学和英语三科的学科实践活动课程称为"语文综合实践活动课程""数学综合实践活动课程""英语综合实践活动课程"，其他学科的这类课程名称中没有"综合"二字，通常称为"化学学科实践活动课程""物理学科实践活动课程"等。研究者本人认为这与学科性质有关，语文、数学、英语三门学科较化学、物理、生物等专业学科，本身就具有很强的综合性。

从文献来看，我国学者对 STEAM 教育的研究，侧重 STEAM 课程开发、教学方式等领域的研究，对已有的分科课程中融入 STEAM 教育的关注较少，而关于 STEAM 教育与化学学科的相关研究则更少。STEAM 与化学相关的研究中，理论研究居多，实证研究很少，而且实证研究多是高校的研究生因论文研究而开展的，基本上限于少量教学案例的设计与实施，不具系统性。另外，一线教师的课堂中 STEAM 教学案例非常稀缺，对 STEAM 教育了解甚少。

我国关于综合实践活动课程的研究近几年呈现出突飞猛进的发展势头，理论研究较多，实证研究较少，而关于学科实践活动课程的研究资料很少，系统的学科实践活动课程的实证研究则更少。化学学科实践活动课程的相关研究非常稀缺，目前查到的仅有一篇硕士论文，而 STEAM 教育与化学学科实践活动课程融合的硕博论文目前还没有。上述研究为本研究"基于 STEAM 理念的化学学科实践活动课程设计研究"，提供了合理、可行的理论与实践支撑。

第三章　研究设计

第一节　概念界定

一、STEAM 教育

　　我国的 STEM 教育应该包含以下含义：纳入国家创新人才培养战略；提倡终身学习；构建跨学科、跨学段的连贯课程群；培养学生综合素质的载体；是全社会共同参与的教育创新实践。[①]2006 年美国学者格雷特·亚克门（Georgette Yakman）将艺术（Arts）融入 STEM 教育中，提倡学生的艺术熏陶和人文底蕴，发展为 STEAM 教育。目前，STEM 教育的衍生概念较多，大多学者认为这些概念都是 STEM 教育的下位概念。

　　自古以来，我国教育提倡"以人为本"的价值观体系，"培养什么人，怎样培养人"是教育的根本问题，也是永恒的主题。十八大首次将"立德树人"确立为教育的根本任务。我国 2016 年颁布的《教育信息化"十三五"规划》中明确指出，在有条件的地区积极探索跨学科的 STEAM 教育。2017 年

---

① 　中国教育科学研究院.中国 STEM 教育白皮书[M].北京：中国教育科学研究院,2017：30—33.

颁布的义务教育科学课程标准中明确提出，STEAM 教育是重要内容之一。这些意味着我国把 STEAM 教育提升到了国家战略发展的高度。科学的目的是求真，人文的目的是达善，二者本质上是相辅相成的，所以科学教育最深层次的内容是科学和人文融合的文化共同体。①因此，本研究基于 STEAM 教育理念设计化学学科实践活动课程。

STEAM 教育是培育学生核心素养的载体，强调以真实情境问题解决为目的，引导学生综合运用科学、技术、工程、人文和数学等学科知识与技能，采取多样化的学科实践活动形式解决实际问题，提升学生的问题解决能力、合作沟通能力与实践创新能力。

二、化学学科实践活动课程

《辞海》中对"学科"的定义是：（1）学术的分类，指一定科学领域或一门科学的分支；（2）"教学科目"的简称，也称"科目"，如中小学的数学、语文、英语等。②学科实践活动是指基于某一学科内容，引导学生围绕特定真实情境中的学科问题，通过探究、动手、体验、创作等操作性与思维性相结合的学习方式，达到对学科知识的深度理解、整体建构，实现多方面能力发展及素养提升的学习活动。学科实践活动是引导学生做与学科高度相关的真实情境的学习活动，不仅强调学生对学科知识的理解、迁移，也强调学生未来的发展，能应对未来生活。特别说明的是，学科实践活动是依托某一门学科进行教学，必要时涉及其他学科的相关概念，是对本学科教学形式的深化，是学科课程与教学的新形态。

化学学科实践活动是从属于学科实践活动体系，强调根植于化学课程标准，以某一主题或实际问题解决为载体组织中学化学教材内容，结合其他学

---

① 邹晓东、陈珍国、侯著久.A-STEM：推动中国 STEAM 教育的理论与实践［M］.上海：上海科学技术文献出版社，2020：20.

② 《辞海》编辑委员会编.辞海［M］.上海：上海辞书出版社，1989：1269.

科知识解决实际问题，并且以学生活动为主线组织教学内容，让学生通过实验、科学探究、调查、交流研讨等实践活动，掌握知识、提升技能，培养学生核心素养。

本研究的化学学科实践活动是指学生在素养导向学习目标的引领下，聚焦真实情境问题，开展以化学实验为主的挑战性的科学探究等实践活动。在实践活动中，学生全身心投入，理解宏微结合、变化守恒是化学学科的特点，形成证据推理与模型认知的思维方式，建构知识体系，掌握问题解决的思路方法，发展科学思维，提升问题解决能力和合作能力，内化科学精神和社会责任，成为会学习、善合作、有责任、能担当的未来社会实践的主人。

基于活动的课程整合模式强调，通过活动促使学生在真实情景中学习科学、技术、工程、数学等学科的知识。①基于 STEAM 教育理念的化学学科实践活动课程强调整合各学科知识解决实际问题，它关注的是学生面对真实问题情境时的真实体验和直接经验，提升学生的化学学科核心素养，发展学生的核心素养。

三、课程设计

泰勒提出规划课程时必须回答的 4 个基本问题："学校应力求达到何种教育目标？要为学生提供怎样的教育经验才能达到这些目标？如何才能有效地组织好这些教育经验？我们如何才能确定这些目标正在得以实现？"②这4个基本问题对应课程设计的 4 个基本要素，即课程目标、课程内容、教学活动及课程评价。这 4 个基本要素相互关联，形成了课程设计的基本程序。

---

① 余圣泉,胡翔.STEM 教育理念与跨学科整合模式[J].开放教育研究,2015:21(4):17.
② [美]泰勒.课程与教学的基本原理[M].罗康,张阅,译.北京:中国轻工业出版社,2008:1.

核心素养导向的课程设计能发挥教育的最大效能。① "课程设计的方法技术是依照课程设计的理论基础,对各种课程要素进行选择、组织与安排"。② 本研究基于 STEAM 教育理念的化学实践活动课程设计是微观层面的课程设计,是教师从实践层面对课程目标、课程内容、教学活动设计与实施、课程评价等要素的具体处理与规划,兼具学科间整合及化学学科内整合的特点。

第二节　理论基础

一、杜威的实用主义教育理论

(一)杜威实用主义教育理论的主要内容

杜威以其哲学、社会学、心理学理论为基础全面论述了他的实用主义教育理论,主要包括以下几个方面:

1. 关于教育的本质

关于教育的本质,杜威提出两个核心问题:教育是什么?学校应怎样?关于教育是什么?杜威提出,"教育即生长""教育即生活""教育即经验的继续不断的改造"。③

"教育即生长",指出学生本身具有可塑性,就是说我们要用发展的眼光看待学生的成长,教育要促使学生与生俱来的能力得以发展,而不是强迫学生被动的学习。也就是说,教师必须关注学生的内在需要,调动学生的主观能动性。"教育即生活",是指教育是生活的过程,而不是未来生活的准备,

---

① 蔡清田. 核心素养导向的校本课程开发[M]. 长春:东北师范大学出版社,2020:168.
② 董新良,刘岗主编. 课程设计概论[M]. 太原:山西教育出版社,2012:21.
③ [美]约翰·杜威. 民主主义与教育[M]. 王承绪,译. 2 版. 北京:人民教育出版社,2001:1—39.

学校生活是生活的一种形式。我们的学校生活要与学生生活相契合，要满足学生的兴趣和需要，使学生能够在校园生活中感受到快乐和满足。"教育即经验的继续不断的改造"是指教育的主要任务并不是教给儿童既有的科学知识，而是要让儿童在活动中自己去获取经验。

杜威提出的教育即生活、教育即生长、教育即经验改造的理论怎么付诸实践呢？他的方案是："学校即社会"。这有两层含义：学校要有社会生活的雏形，或者说学校是社会生活的一种形式；学校教育应该与学生生活联系起来，让学生能够理解学习内容的真正含义。

2. 关于"教育无目的"的论述

在杜威看来，教育即生长，教育即生活，也就是说生活就是发展。教育本身除生长以外没有目的，教育目的只存在于教育过程中，这就是他的教育无目的论。教育就是学生现在生活、生长的过程，而不是为将来的社会生活做准备。尊重学生的主体地位，顺应自然的发展，不要设置过多外在的目的。教育无目的并不是说教育没有目的，它主张教育过程的内在目的，也就是每一次教学活动的目的，而不是那种抽象的、一般的目的。最好的教育就是"从生活中学习、从经验中学习"。他认为良好的教育目的应该具备客观性、灵活性和非完成性。在"教育无目的"的基础上，他构建了"以活动为中心、以经验为中心、以学生为中心"的教育模式，对世界各国的教育理论和实践都产生着广泛、深远的影响。

3. 关于教学论

关于教学论，杜威提出的主要观点有：做中学、思维与教学、儿童与教师。杜威认为真理是人们适应自然和社会的工具，应该由实践去考验。他批判传统学校教育，提出了"以学生为中心""学校即社会""做中学"的教育原则。从他自身的教育实践中，提出"做中学"的基本教学原则。"做中学"就是让学生从活动、经验中学习，使得知识与生活紧密联系起来，使学生能够体验学习的意义和价值，从而激发他们的学习兴趣。他指出，贯彻"做中学"，会使学校所施加于它的成员的影响更加生动、更加持久并含有更多的文化意义。

关于思维与教学，杜威说："思维起源于疑难。"就是说人们探寻真理与生活紧密相连，不能脱离实践经验。①这种实用主义认识论应用在教学上，便是"做中学"。为实现"做中学"，他提出设计教学法，把思维活动具体分成5个步骤（也称"思维五步"）：疑难的情境、确定疑难所在、提出解决疑难的各种假设、对这些假设进行推断、验证或修改假设。

从"思维五步"出发，杜威提出著名的"五步教学法"：一是教师创设与学生相关的真实情境；二是引导学生应对真实情境中的问题，也就是说在情境中要有刺激思维的内容；三是使学生根据相关资料作出解决疑难问题的假设；四是在活动中验证假设；五是学生通过应用来检验这些假设而得出结论。

4. 关于道德教育论

杜威指出"知道如何把表现道德价值的社会标准加到学校所用的教材上，这是十分重要的"，也就是说各学科的教材都应与社会、生活紧密结合，绝不应该脱离实际。杜威把学校的现实生活、教材和方法三者称为学校德育的三位一体。我国教育家陶行知先生的教育思想博采古今，兼容中西，理论简约，并自成体系。他提出"生活即教育""社会即学校""教学做合一"的生活教育理论，与杜威的实用主义教育思想有异曲同工之处。陶行知先生指出，生活就是一连串问题的求解过程，其实质就是使教育与生活和社会实际紧密联系，并且确立"行—知—行"的行动策略，强调培养开拓型、创造性人才。

（二）杜威实用主义教育理论对本研究的启示

杜威的实用主义教育理论以实用主义为哲学基础和理论依据，对20世纪的教育理论研究和教育实践发展产生了重要影响。实用主义教育思想与现在的新课程改革理念有许多契合点。借鉴杜威实用主义教育理论的合理因素与积极方面，对于探索基于STEAM教育理念的化学学科实践活动课程设计具有重要价值。基于STEAM理念的化学学科实践活动课程设计是以真实情境问题解决为导向的，其主旨是综合运用科学、技术、工程、人文、数学等知识解

① ［美］约翰·杜威. 民主主义与教育［M］. 王承绪, 译. 2版. 北京：人民教育出版社, 2001：1—39.

决实际问题，提升学生的化学学科素养，发展学生的实践创新素养，这与杜威的实用主义教育思想非常吻合。

杜威的实用主义教育理论贯穿化学学科实践活动课程设计的始终，具体表现在以下几个方面：第一，化学学科实践活动课程目标的确定要坚持实践育人的原则，突出学生的主体地位，践行立德树人的根本任务，以发展学生核心素养为出发点和落脚点。第二，选择与组织化学学科实践活动课程内容时，以学生的兴趣、需求和学情为依据，注重从学生现有的知识经验出发，紧密结合学生的生活经验和社会需求，将学科知识与实践应用相结合，实现教育与生活、学校与社会的完美契合。第三，化学学科实践活动课程实施中，践行"从经验中学""从做中学"。杜威认为经验获得的一般过程是：在真实情境中获得直接经验，挖掘其纵深含义，进一步拓展成为科学、系统的知识。目前在学校里，以学生学习教材知识的间接经验为主，而通过学生自身实践活动获得的直接经验比较匮乏。间接经验的获得建立在直接经验的基础上。这就需要教师创设真实情境，帮助学生理解、内化间接经验，转化成为自身的直接经验。第四，化学学科实践活动课程评价的目的在于提升学生的化学学科核心素养，发展学生的核心素养。课程评价着眼于"现在"，评价指标是"是否收获了解决复杂问题的经验"。[①]不仅要注重培养学生的实践创新能力，还要注重教育的人文性，实现科学教育与人文教育的融合。

二、生态系统理论

（一）生态系统理论

生态系统理论（也称为背景发展理论或人际生态理论），是由布朗芬布伦纳（U Bronfenbrenner）提出的个体发展模型，是发展心理学领域的重要理论。

---

① 李吉林. 情境教育的独特优势及其建构[J]. 教育研究,2009:30(3):52—59.

这个发展模型主张个体处于相互嵌套、相互影响、相互促进的一系列环境系统中，系统与个体相互作用、相互影响。①这个环境系统从内到外依次是微观系统、中间系统、外层系统和宏观系统，个体与环境系统是一个紧密关联、不可分割的有机整体，我们把这个整体叫做生态系统。

生态系统的最里层是微观系统，指个体生活和同伴交往的直接环境，比如个体与家庭、亲友、邻居等所处的微环境。随着学生的不断成长，幼儿园、学校、同伴逐渐成为家庭以外对其影响较大的微环境系统。微观系统外层的是中间系统，是指各微观系统之间的联系或相互关系，比如影响个体的家庭、学校、同伴等之间的相互关联。如果微观系统和中间系统能有正向积极的联系，可以使个体的发展得到最优化效果，反之会阻碍个体的发展。中间系统外层的是外层系统，是指那些影响个体发展的间接环境系统。比如父母的职业、家族的情况等会间接影响个体的发展方向和品质。最外层是宏观系统，指的是存在于微观系统、中间系统、外层系统中的文化、亚文化和社会环境，实际上是一个广泛的文化意识系统。

生态系统中的微系统和中间系统是个体所处的直接环境，对个体发展产生直接的重要影响，外层系统和宏观系统属于间接环境，会对个体发展产生积极或消极的影响。

(二) STEM 学习生态系统

在生态系统理论的基础上，美国提出了 STEM 学习生态系统。2014 年美国国家研究委员会在一次全国性会议上，着重探讨了"STEM 学习生态系统"，号召集各方力量构建"正规教育—非正规教育—课外教育"相结合的学习生态系统，开展广泛的全方位的 STEM 教育。②有研究团队通过调查，提出

---

① 百度百科.生态系统理论[EB/OL].https://baike.baidu.com/item/生态系统理论.
② The National Academies Press, Washington, D.C . STEM Learning is Everywhere: Summary of a Convocation on Building Learning Systems [EB/OL]. http://www.nap.edu/catalog.record_id=18818, p.2—3.

STEM 学习生态系统，发现这些系统的共同特征是：强有力的国家机构组织各相关部门，在实践领域精诚合作，根据实际情况灵活采取应对措施，以实现多赢的目标。另外，这些学习系统都有着无限的发展潜力。①比如美国的橘郡 STEM 计划，旨在将学校教育与校外教育融为一体，为实现这一目的积极争取家庭、社区、公司等的支持和帮助。

美国辛辛那提市的"STEM 学习共同体"（Greater Cincinnati Stem Community，GCSC）包含美国近 90 所地方学校，合作伙伴有 130 多个，是一个典型的地区性 STEM 学习生态系统。②GCSC 是一个非盈利系统，通过联合各方力量培养大量的 STEM 人才，为中小学生搭建 STEM 实践平台。美国通过构建跨部门合作、优化 STEM 学习环境、大力培养 STEM 师资、支持中小学的 STEM 教育等策略构建 STEM 学习生态系统。③构建 STEM 学习生态系统没有固定的模式，是根据实际情况不断优化的。构建 STEM 学习生态系统要注意动态调整系统内的合作关系，共享优秀教育资源，提供开放的、多元化的学习通道。④我国有学者基于对美国 STEM 教育的研究，提出全开放的跨学科整合教育的 STEM 学习生态系统。⑤

（三）生态系统理论对本研究的启示

生态系统理论强调一系列相互关联的系统环境影响个体的发展。在此基础上，提出的 STEM 学习生态系统，是一个全开放的跨学科整合教育的动态

---

① Kathleen Traphagen and Saskia Traill. How Cross-Sector Collaborations are Advancing STEM Learn-ing ［EB/OL］. http://www.samueli.org/stemconference/documents/STEM% 20 Learn- ing % 20E-cosystems.

② Greater Cincinnati Stem Community. GCSC reach ［EB/OL］. http://greatercincystem.org/gcsc-in-ac-tion.

③ STEM Funders Network. Learn more about these strategies for cultivating STEM ecosystems ［EB/OL］. http://stemecosystems.org/strategies.

④ STEM Funders Network. Design principles［EB/OL］. http://stemecosystems.org/design-principles.

⑤ 蒋家傅，张嘉敏等. 我国 STEM 教育生态系统与发展路径研究 ［J］. 中国电化教育，2017，27（12）：32.

系统。对本研究有以下启示：

首先，通过学校教育、家庭教育、社会教育"三位一体"的教育体系发展学生核心素养。学校、家庭和社会需要凝心聚力，协同践行立德树人的根本任务。学校是教育的主阵地，家庭是影响学生发展的主要因素，社会环境对学生的成长具有潜移默化的功能。基于 STEAM 教育理念的化学学科实践活动课程设计必须建立校内、校外联动合作的课程开发共同体，充分发挥学校拥有各个学科的师资优势，积极争取 STEAM 教育专家、课程专家、家庭及社会相关部门的指导与支持。

其次，基于 STEAM 理念的化学学科实践活动课程实施中要注重学科教学与学科实践活动教学的有机融合。学科教学与学科实践活动是相辅相成、相得益彰的关系，一体化的实施有利于真正落实学生发展核心素养。在化学学科实践活动课程实施中，我们可以使用翻转课堂的教学模式，就是将轻量级的任务在课后完成，重量级的任务在有老师的课堂上完成。像查阅资料、参观、访谈等任务可以在课前或课后完成，分析、讨论、应用、创造、评估等任务可以在课堂上与老师共同完成。当然，这需要塑造一种新型的、和谐的师生关系和学习环境。

最后，跨界聚合课程资源，实现资源共享。我们要充分利用好学校现有的课程资源，加强与校外科研与教育机构的联系，拓宽学校课程资源。同时，我们提倡建设学校课程资源库，实现资源共享。为学生提供开放、灵活和个性化的学习资源，形成多元学习通道。

三、综合课程理论

（一）综合课程理论

《教育大辞典》中将"integrated curriculum"翻译成综合课程，文献中出现较多的还有整合课程。有学者对这些概念进行了辨析，但无论是综合课程还是整合课程，都代表着课程要素从分割状态转向聚合状态。在我国课程理论和实践领域普遍称之为"综合课程"。

有学者认为联想主义心理学、认知心理学、人本主义心理学和思维心理学是综合课程的心理学基础。综合课程可以从知识论、社会学、教育学 3 个方面理解：从知识论的角度看，人类的认知是一种对原有知识不断修正、迭代优化的过程；从社会学的角度看，综合课程旨在解决实际问题，有利于创新型、应用型、综合型人才的培养，顺应科技发展和信息时代要求；从教育学的角度看，综合课程是在整合原有分科课程或分化了的知识基础上生成的学习领域。

综合课程体现了文化或学科知识间相互作用、彼此关联的发展需求，帮助学生整合各个领域的知识与技能解决真实问题，提高其自我效能感和学习动机。[1]综合课程既鼓励合作，又不排斥学习上的竞争，较分科课程具有较强的社会适应性。[2]

（二）综合课程理论对本研究的启示

当人类社会进入农业社会、工业社会后，专业化程度加深了社会的分化，同时也使得人类的思维方式从整合走向了分割。当人们面对复杂问题时，习惯于将其分割成部分，再加以整合。这种先分割再整合的思维方式是近代自然科学思想的主流，对于解决许多自然科学问题是非常恰当的。但这种分割思想也造成了众多的社会问题，甚至使得人类面临生存的难题。分科课程是学校的常态课程模式，碎片化的知识传授和枯燥的学术演练，导致学生知识学习与社会生活的实践应用脱节。也就是说，我们生活在一个跨学科的世界，但我们的学校课程是严格按照学科逻辑安排的，[3]这不利于学生的发展。

STEAM 教育是个新名词，但不是新理念，更多的反映了教育"返璞归

---

① 张华. 关于综合课程的若干理论问题[J]. 教育理论与实践，2001(6)：35—40.
② 吕达.综合课程的作用[J].课程·教材·教法，1985(3)：12—14.
③ E. K. Faulconer，B. Wood 1，J. C. Griffith. Infusing Humanities in STEM Education: Student Opin-ions of Disciplinary Connections in an Introductory Chemistry Course［J］. Journal of Science Educa-tion and Technology，2020，29：344．https://doi.org/10.1007/s10956-020-09819-7.

真"，是一种综合多元的思维方式。古代的教育是综合、全面的。不论是中国古代培养"士"的关于"六艺""四书与五经""天人合一"的教育，古希腊培养"哲学家"的"七艺"教育，还是现代西方的"自然主义"思想都带有质朴的大综合思想，学校教育理应是综合、全面的。

随着时代的飞速发展，学校教育中教学内容与学习时间的矛盾愈加突出，世界主要国家和地区提倡用综合课程思想和实践形式促进21世纪基础教育课程改革。我国也有学者指出从分科走向整合已经成为当今世界基础教育课程改革的主要趋势。①在综合课程领域，澳大利亚、美国、芬兰等国家走在前列。我国是从21世纪基础教育课程改革时明确提出，建立教育领域必修的综合实践活动课程。由此，在目前分科教学大背景下，化学学科实践活动课程设计应该融入STEAM教育理念，引导学生运用综合多元的思维方式解决真实情境问题。就以战胜新冠疫情来说，需要各方力量的共同合作才能实现。立足我国综合课程发展的历史经验，基于STEAM教育理念的化学学科实践活动课程需要平衡"分"与"合"的关系，处理好新课改要求与家长舆情的关系，强化校本调适与再整合，提升教师跨学科课程领导力，建立与综合课程相适应的多元评价体系。

第三节　研究思路与研究方法

一、研究思路

（一）研究思路

从"为什么"开始的黄金圈法则是一种创新思维模式，如图3-1所示：

---

① 钟启泉.世界课程改革趋势研究:学科课程改革研究(下)[M].北京:北京师范大学出版社，2001:23.

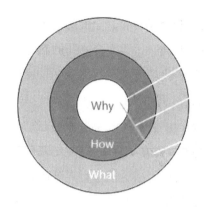

Why：为什么（目的、理念）

How：怎么做（方法、措施）

What：做什么（现象、成果）

图 3-1　黄金圈法则

"Why" 为什么是指目的、理念、价值观；"How" 怎么做是指采用的方法和措施；"What" 什么是指产生的现象、结果。由外向内（what—how—why），即由结果倒推过程再倒推到目的，体现了我们的惯性思维，是一种大众思维模式，却是一种由清晰到模糊的思维方式。由 "what（现象，结果）" 来回想 "how（方案、措施）" 再思考 "why（目的，理念）" 的思维方式有两个明显的弊端：首先，出现这个状况更多是因为我们非常清楚做了什么，有一部分也知道怎么做的，但却非常少的人知道为什么做。其次，很多时候这种思考方式使我们陷入被动，我们没法完全掌控我们的行为，而且我们的 "how（方案、措施）" 可能更多的是填补那些影响偏离 "why（目的，理念）" 的 "what（现象，结果）"。

黄金圈法则提倡 "由内而外"，从模糊到清晰的思维方式。就是我们的一切行动计划都以 "why" 为核心，围绕 "why" 来展开工作。当我们明确了 "why（目的，理念）"，才能更清晰 "how（方法，措施）"，然后才可能出现我们期待的 "what（现象，结果）"。它提倡逆向思维，是一种创新思维方式。黄金圈法则更多的不是传达 "是什么" 的信息，而是更想去传达 "为什么" 的理由，从而激发人研究或工作的内在动力。

（二）研究框架

根据研究思路，研究内容分为三部分：

　　第一部分回答"Why"为什么研究，包括绪论和文献综述。一方面，分析研究背景，基于自身的化学教学与 STEAM 课程实践及反思，提出本研究的核心总问题"怎样基于 STEAM 教育理念设计有利于发展学生核心素养的化学学科实践活动课程"。另一方面，结合 STEAM 教育及化学学科实践活动课程的研究现状，阐释研究目的及研究意义。

　　第二部分回答"How"怎么研究，即研究设计和研究过程。包括基于 STEAM 教育理念的化学学科实践活动课程设计的理论研究和实践探索。首先，运用文献研究、案例研究方法，探究 STEAM 教育视域下化学学科实践活动课程的内涵、特征及意义；其次，在理论研究的基础上，按照行动研究的基本思路展开 STEAM 教育视域下化学学科实践活动课程设计的实践探索，整个研究共分为两个阶段，即两轮行动研究。

　　第三部分回答"What"研究结果是什么，通过 STEAM 教育视域下化学学科实践活动课程设计的理论研究与实践探索，提出基于 STEAM 教育理念的化学学科实践活动课程设计的实践模型和策略。研究框架如图 3-2 所示：

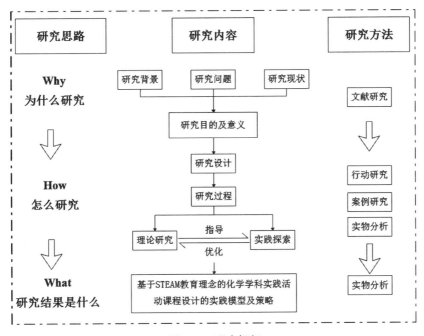

图 3-2　研究框架

二、研究方法

(一) 行动研究法

基于自身的教学实践，提出研究的总问题 "怎样基于 STEAM 理念设计有利于发展学生核心素养的化学学科实践活动课程"。按照行动研究的基本思路展开实践探索。整个研究分为两轮行动研究，第一轮行动研究 《趣味化学》课程设计的实践探索 (2019.9—2020.7)，为化学学科实践活动课程设计的尝试与探索阶段；第二轮行动研究 《知水善用》 课程设计的实践探索 (2020.9—2021.7)，为化学学科实践活动课程设计的改进与提升阶段，研究过程如图 3-3 所示：

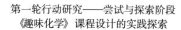

第一轮行动研究——尝试与探索阶段　　　　第二轮行动研究——改进与提升阶段
　《趣味化学》课程设计的实践探索　　　　　《知水善用》课程设计的实践探索

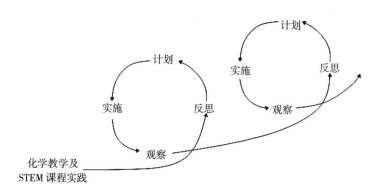

图 3-3　行动研究过程

每一轮行动研究的基本步骤主要分为 4 个阶段，即计划、行动、观察与反思。每一轮行动研究与基于 STEAM 理念的化学学科实践活动课程设计的关系如图 3-4 所示：

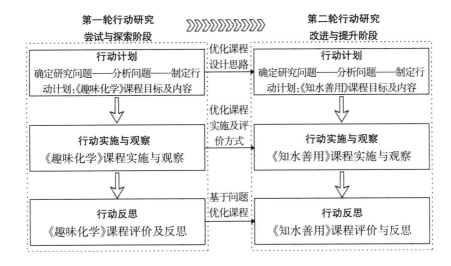

图 3-4 基于 STEAM 教育理念的化学学科实践活动课程设计与行动研究的关系

(二) 案例研究法

通过搜集与分析化学课程、STEM 教育中的经典案例，挖掘、提炼出适合本土学生核心素养发展的优秀课程设计理念、设计思路、设计精华。在此基础上，尝试构建基于 STEAM 教育理念的化学学科实践活动课程设计模式，以案例形式阐释怎样基于 STEAM 教育理念设计化学学科实践活动课程。

在第一轮行动研究《趣味化学》课程设计的实践探索基础上，反思课程设计的问题，优化课程设计模式，开展第二轮行动研究《知水善用》课程设计的实践探索。《知水善用》课程包含 5 个课程案例，分别以"开启我的纯净水探索之旅""自制 84 消毒液""一封密信"3 个课程案例阐释如何在化学学科实践活动课程中采用 5E 教学、项目式教学和基于问题解决的教学方式。

(三) 实物分析法

实物分析法常用在质性研究中，它是指研究者对所有与研究问题有关的文字、图片、音像、作品等进行分析，从中获取研究信息的科学研究方法。根据化学学科实践活动课程设计的实践探索中，使用的课程学习评价表、小组合作学习评价表、学习任务单、学历案、KWL 表、实验方案设计及操作、科学探究过程、"家用净水器净水系统模拟实验的评价量规""配置一定物质的量浓度的硅酸钠溶液"实验操作评价量表、"神奇水中花园"活动表现评价量规、头脑风暴记录单、"以海水为原料自制 84 消毒液"活动表现评价量规、项目评价方案、每个项目的微课、课堂过程性记录（照片、成果等）等资料分析课程设计与实施的效果。

第四章　基于 STEAM 教育理念的化学学科实践活动课程设计的理论研究

STEAM 教育视域下化学学科实践活动课程设计的理论研究部分主要探讨 3 个问题：怎样理解课程设计？怎样理解基于 STEAM 教育理念的化学学科实践活动课程设计？为什么基于 STEAM 教育理念设计化学学科实践活动课程？第一个问题主要探究课程设计的层次、取向及内涵，第二个问题主要探究基于 STEAM 教育理念的化学学科实践活动课程的内涵与特征，第三个问题主要是分析基于 STEAM 教育理念设计化学学科实践活动课程的必要性和意义。

第一节　课程设计

随着课程改革的深入，我国基础教育课程理念发生了重大变化，三级课程管理体制要求教师从课程的忠实执行者向课程设计者的角色转变。另外，教师专业化也要求教师具备课程设计的意识和能力。教师作为课程实践者，理应是课程设计的主体。"教师参与课程设计不仅有利于填补理想课程与实践之间的鸿沟，而且有利于提升教师专业能力"。[①]教师作为课程的直接实践者，自然也应该是课程（尤其是校本课程）设计的主体，这是课程设计本身的应有之义。

---

① 　董新良，刘岗. 课程设计概论［M］. 太原：山西教育出版社，2012：39—41.

　　教师作为课程设计者一方面要深刻领会国家课程、地方课程的基本思想与设计，另一方面还要结合学校、学生的实际情况，将课程设计转变为适合学生发展的课程实践。国家课程校本化实施和校本课程开发是教师参与课程设计的主要形式。①基于 STEAM 教育理念的化学学科实践活动课程设计是一线教师与课程开发共同体展开的行动研究。

一、课程设计的层次

　　课程设计大致可划分为宏观、中观、微观 3 个层次。不同层次的课程设计有不同侧重点，会产生不同结果。②有学者总结出课程设计的层次及技术流程如图 4-1 所示③：

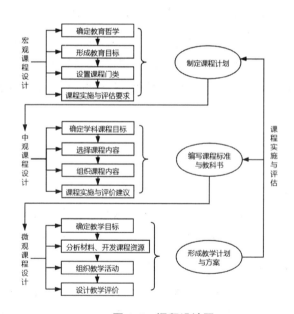

图 4-1　课程设计图

①　王廷山.关于教师参与课程设计几个问题的思考[J].教育探索,2007:1—2.
②　从立新.课程论问题[M].北京:教学科学出版社,2000:255.
③　董新良,刘岗.课程设计概论[M].太原:山西教育出版社,2012:24.

　　课程设计包括宏观课程设计、中观课程设计和微观课程设计 3 个层次，每一层面的课程设计都包含 4 个基本的课程要素，即课程目标、课程内容、课程实施及课程评价，但不同层次的课程设计其核心任务有所不同。宏观课程设计的主要任务是制定课程计划，具体来说根据选定的教育哲学理念确定教育目标，以此设置课程门类、确定课程实施方式及评估要求。中观课程设计的主要任务是编制具体学科的课程标准与教科书，具体来说就是确定各学科的课程目标，选择和组织课程内容。

　　我国制定了普通高中语文、数学、化学等共 20 门学科的课程标准，每门学科的课程标准中明确提出了本学科核心素养，阐释了该课程各基本要素及要求。学科专家根据课程标准研发了不同版本的教科书。以化学学科为例，目前通过国家中小学教材委员会审定使用的普通高中化学新教材有 3 个版本，分别是人教版（人民教育出版社）、鲁科版（山东科学技术出版社）和苏教版（江苏教育出版社）。微观层次的课程设计是根据课程标准与教科书设计教学活动方案，只有将微观课程设计方案付诸实践，才能使理想的课程转变为学生的实际经验，才能最终检验宏观、中观课程设计的效果，并为课程的进一步修订提供依据。

　　从宏观课程设计到中观课程设计再到微观课程设计，体现了从抽象到具体的过程，也体现了课程的实现路径。宏观的课程设计是高度抽象和概括的课程计划，无法直接实施，需要学校中观课程的支撑。中观课程设计更具体地描述了学校所有课程的指向。但只有在中观课程的基础上进行微观课程设计并付诸实践，才能使课程理念转变为学生的实际经验，从而检验宏观课程设计和中观课程设计的效果。基于 STEAM 教育理念的化学实践活动课程设计是依据课程标准、教材、高考评价体系展开的微观层面的课程设计。

二、课程设计的取向

　　课程设计的三大基础是学科发展、学生特点和社会需要。尽管绝大多数课程论学者提倡进行课程设计时，要综合考虑学科发展、学生特点和社会需要，但进行具体的课程设计时，课程设计者对三者之间关系的选择会有所侧重，由此形成了学科中心、学生中心和社会中心 3 种课程设计取向。很多学者详细分析了每一种课程设计取向的特征及利弊，概括来说，学科中心课程设计注重学科内容的逻辑体系，但忽视了学生的需求；学生中心课程取向强调以学生为中心，但忽视了学科内容；社会中心课程取向试图将学科内容与学生的生活情境相融合进行课程设计，使学生在解决实际问题的过程中学到学科知识，但在具体操作上难度较大、费时耗力，有时随意性较大。

因此，普遍学者认为 3 种课程设计取向各有利弊，我们进行课程设计时应该取长补短，使得 3 种课程设计取向相辅相成、相得益彰。实际上，现代的课程设计基本上都是以学科、学生、社会为基点构建，旨在实现课程的动态平衡，只是 3 个基点的顺序不同而已。本研究的课程设计尝试追求三者的动态平衡，基于化学学科、学生生活、社会中的真实情境问题设计学科实践活动，促进学生核心素养的发展。

第二节　基于 STEAM 教育理念的化学学科实践活动课程内涵与特征

首先深入剖析 STEAM 教育概念及本质，在此基础上阐释基于 STEAM 教育理念的化学学科实践活动课程的内涵与特征。

一、STEAM 教育概念及本质

（一）STEAM 教育的理解

在 STEM 教育的基础上，加入了人文、艺术和社会的元素"A"（Art），发展为 STEAM 教育。[①]STEAM 教育是指 Science（科学）、Technology（技

---

① 郑葳.中国 STEAM 教育发展报告[M].北京:科学出版社,2017:31.

术）、Engineering（工程）、Arts（人文）、Mathematics（数学）5 个学科英文首字母的缩写。STEAM 中的"S"（Science）一般是指自然科学，是正确反映客观事物本质、规律、现象等的知识体系，具体包括物理、化学、生物和地理等学科知识。通俗地说，科学是关于"是什么""为什么"的知识。"T"（Technology）技术泛指操作技能、方法和手段，现在更多的是强调信息技术。在教育领域，技术通常指学校配备并使用的计算机、通信系统与设备、专业仪器及相应设备。通俗地说，技术是有关"做什么""怎样做"的方法、技巧、工具和产品。"E"（Engineering）工程是指有目的、有计划、有组织地将设计或理念转化为产品的过程，也包括解决问题的程序。本研究的工程，重在强调优化迭代的工程思维。"A"（Arts），最初仅仅指向艺术，在逐步演化中被赋予了更广泛的含义，不仅指艺术，还包括人文、语言、文化、社会学等多门学科。美国政府提倡的 STEAM 教育理念，旨在发展复合型人才的科学素养和人文素养。本研究的"A"（Arts）主要指人文素养。"M"（Mathematics）数学主要是指应用数学。数量关系、空间形式及其变化是许多学科研究对象的基本内容，因此数学成为许多学科的基础。

其实 STEAM 教育中 5 门学科之间存在着天然的内在联系。科学在于认识世界、解释自然界的客观规律，技术和工程则是在尊重自然规律的基础上改造世界。工程的目的就是为了将"科学""数学""技术"综合运用到实际生产生活中，是紧密联系科学、技术、数学、人文的桥梁，体现了 STEAM 教育的整合性、跨学科性。换句话说，工程是联结科学与技术的桥梁，因为科学为工程提供必备知识，技术为工程提供关键技能。科学应用和技术产品的问世依赖于工程师的设计与制造。数学是科学、技术与工程学科的基础工具。如果说科学、技术、工程、数学用于改造世界，那人文用来欣赏这个世界，因为其目的是实现现实世界与自然界的和谐共处。

STEAM 教育实质上体现的是一种综合多元的思维方式，旨在解决真实情境问题，其核心是跨学科或学科整合，科学探究和工程设计是实现整合的主要方式。以泡泡器为例，泡泡液的成分及吹泡原理是科学问题；怎样配制泡泡液吹出泡泡是科学、技术与数学的融合；怎样制作泡泡器吹出更大更好看的泡泡是科学、技术、工程、数学以及人文的融合。

（二）化学学科中的 STEAM 要素分析

STEAM 教育强调的科学、技术、工程、人文、数学这 5 个学科的有机融合。美国学者 Georgette Yakman 在 2006 年将 STEAM 学习定义为"基于数学元素的科技"学习，并将其理论框架总结在五层金字塔中，提出 STEAM 金字塔理论模型。[①]本研究利用此模型分析化学学科中的 STEAM 要素。

科学（Science）类的下属知识有：科学的历史和本质、科学的探究及其过程、物理、生物、化学、地理科学和空间科学。一般是指自然科学，是正确反映客观事物本质、规律、现象等的知识体系。通俗地说，科学是关于"是什么""为什么"的知识。化学学科中的"科学"主要体现在科学知识的学习上，主要包括核心知识和基本原理，具体是指经过历史验证、逻辑推理得出的有关物质的本质、结构、性质及规律等。对应到中学化学教学内容上，

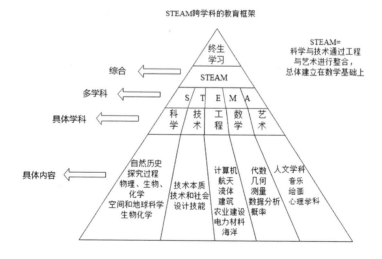

图 4-2　STEAM 跨学科教育框架

---

① STEAM Education:an overview of creating a model of integrative education ［EB/OL］. http://www. steamedu.com.2008. 引用时翻译成了中文。

有物质及其变化、有机化学基础、物质结构与性质、化学反应原理、元素及其化合物、元素周期律等。

技术（Technology）泛指根据自然科学原理和生产实践经验而发展成的操作技能、方法和手段。化学学科中的"技术"主要包含常见的化学技术手段（如基本实验操作技能、分离技术、减压技术等）、化学技术工具或仪器（如分光光度计、色谱仪等）、一定的教育信息技术（如交互式电子白板技术、虚拟仿真技术、数字化实验技术等）和一定的通用信息技术（如网上查阅资料、办公软件及数据处理软件的使用）等。

工程（Engineering）是指有目的、有组织地将现实生活中的实体（自然或人工实体）转化为具有预期价值的产品的过程。化学学科中的工程主要是指"化工"，是化学课程标准、教材、高考中的常见主题。化学工程、化学工业、化学工艺都可以简称为化工。"化工"属于应用学科，很好地将科学、技术、人文、数学联系到了一起。中学化学教材中常见的"化工主题"主要包含化学与能源、资源、环境，化学生产与制造，STSE 综合实验设计，化学工艺与流程等。具体有合成氨工业、纯碱工业、硫酸工业、海水中化学资源的开发利用等。学生最熟悉的是以物质制备、性质检验、除杂为载体的工艺流程，这类主题将化学的基本理论知识与实际生产中的化工原理紧密结合，是典型的基于 STEAM 教育视域下化学学科实践活动课程的内容素材。

艺术（Arts）被赋予广泛的含义，包括人文、语言、文化、社会学等 10 多门学科，化学学科中的"人文"主要是要化学史、化学文化、优秀传统文化等。

数学（Maths）主要是指应用数学，它是很多学科的基础，在化学学科中帮助我们作定量分析，理解化学学科中量的关系、空间组成结构等。化学作为一门应用技术学科，不仅需要数学知识，还需要数学思维。物质结构与空间构型、阿伏伽德罗常数、氧化还原计算、溶液的配制、PH、常用化学计量（如阿伏伽德罗常数的应用、微观量相对大小的判断、电解质溶液中的微粒变化）等的相关计算都离不开"数学"。分析化学问题时常用到数学方法，如数形结合、守恒法、差量法、极值法等。定性与定量相结合是化学科学研究的基本思路。

STEAM 教育虽然在本质上是一种跨学科学习，但并不是说 5 门学科均匀地分布在教材中，而是 5 门学科的有机融合。跨学科融合的方式主要有两种：一种是以其中一门学科为主导，延伸到其他学科的学习；另一种是以某几个学科为基础，进行学科与学科之间的融合教学。

二、基于 STEAM 教育理念的化学学科实践活动课程的内涵

（一）STEAM 教育理念的精髓

国内文献中，与 STEAM 相关的概念，除 STEM 外还有 STEM+、STREAM、STEMx、E-STEM 等。STEM 概念的泛化，都有其合理性，但似乎让人眼花缭乱。这就要求我们必须把握 STEM 教育的核心理念。美国有学者提出判断一个项目是否为 STEM 项目的标准：①具有工程设计过程。②内容是基于标准的，且有学习进阶的设计。③学生聚焦于解决实际问题或工程挑战。④学生通常以小组的方式设计、制造模型或产品，并对模型或产品进行测试、评估，以及进一步改进模型或产品。⑤学生运用多种交流手段表述问题与结构。⑥以学生为中心开展各种实践活动。⑦失败被认为是设计过程中的正常现象，也是学生通往成功必不可少的经历。⑧向学生介绍 STEM 职业以及 STEM 在生活中的应用。[1]

本研究的 STEAM 教育是在 STEM 教育中加入 Arts 而形成的，这里的 Arts 强调人文与艺术素养的提升。STEAM 教育理念的精髓表现在以下几个方面：

1. STEAM 教育基于真实情境的问题解决

STEAM 教育源于解决实际问题。20 世纪 90 年代以来，人类面对的重大社会问题（如人口剧增、环境问题、医药伦理问题、粮食问题、核弹威胁等）出现在"地球村"的各个角落，这些真实情境问题的解决需要集合多方力量，

---

[1]　Anne Jolly. STEM by Design: Strategies and Activities for Grades 4-8 ［M］. New York，Routledge，2016：1—6.

融合多种学科知识与技术。由此可见，STEAM 教育顺应社会历史的发展，是应对社会现时代发展要求的产物，强调运用综合多元的思维方式解决真实情境问题。

2. STEAM 教育的核心是跨学科或学科融合

STEM 教育的关键是为学生搭建一个认识整体世界的平台，使学生在真实情境问题解决中把各学科零散的知识整合起来，这就弥补了分科教学的弊端，体现的是一种跨学科的学习方法。[1]学科教育一般是纵向的教育，培养人是一个系统工程，还需要跨学科的横向教育。[2]美国有学者提出了两种重要的课程整合模式，即相关课程模式和广域课程模式。目前我国高中教育虽然强调综合实践活动课程，但仍然以分科教学为主，无论是教师还是学生都缺乏跨学科整合知识的意识。STEAM 教育是一种强调学科融合和跨学科教学的教育战略，强调学习者运用跨学科知识解决真实问题。

3. STEAM 教育实现整合的主要方式是科学或工程

2001 年，前美国国家科学基金会（National Science Foundation，NSF）首次把科学、数学、工程与技术的缩略词"SME&T"改为"STEM"，其原因主要有两个：首先"SME&T"与"smut"（植物患有"黑穗病"的意思）读音相近，容易让人误解。其次，S（科学）与 M（数学）放在最前面，会让人以为科学和数学优先于工程和技术。重新排列后，科学与数学分别位于缩略词的头、尾，象征着技术与工程是联结科学与数学的桥梁，这种形式更契合 STEM 教育的内在本质。此后，STEM 这个缩略词迅速地被高等教育机构以及科研团队接受，逐渐为大众所知。

我们需要对 STEAM 教育的实施理念及具体整合方式进行深度剖析，科学或工程是整合的核心。工程活动是人类最基本的社会实践方式。美国《新一代科学课程标准》与以往课程标准最根本的区别就是将以前大学教育的专利品"工程教育"引入中小学。工程师将科学原理、数学和技术应用到实践

---

① 叶兆宁、杨元魁.集成式 STEM 教育:破解综合能力培养难题[J].人民教育,2015(17):43.
② 武敬,徐华英.STEM 课程设计与指导[M].天津:天津教育出版社,2019:12.

中来解决问题。他们设计仪器、结构和系统，以实现某些特殊目的，同时还必须考虑时间、资金、成本、法律、道德等方面的限制。由此可见，工程与学习者的实际生活有直接联系，并且是真实、有意义地解决问题的过程，架起了科学发现、技术发明与社会发展之间的桥梁。

STEM 教育中相关学科要以科学或工程作为整合的核心，这种整合不仅体现在课程标准上，也表现在组织名称的更改上。2010 年 2 月，国际技术教育协会（International Technology Education Association， ITEA）正式改名为国际技术与工程教育协会（International Technology Education and Engineering Education Association， ITEEA），这意味着能够通过科学与工程展示各学科之间的内在联系与相互作用。

综上所述，STEAM 教育实质上是一种综合多元的思维方式，运用跨学科理念在解决真实情境问题的过程中，使学生掌握相关的学科知识和方法，提升学生的实践创新能力、问题解决能力、合作能力等。STEAM 教育的主要教学方式有：项目式学习、5E 教学、基于问题解决的教学、基于工程设计的教学等。

（二）基于 STEAM 教育理念的化学学科实践活动课程的内涵

按照课程内容是以间接经验还是直接经验为主，可以把课程分为学科课程和活动课程。学科课程以科学知识（即间接经验）为基础，按照一定价值标准从不同知识领域或学习领域选择一定的内容，并且按照知识的逻辑体系组织学科内容。活动课程则是侧重于学生学习兴趣及需要，以学生的直接经验为基础组织课程内容（也称为经验课程）。学科实践活动课程兼具学科课程与活动课程的内涵。化学学科实践活动课程是化学课程与教学变革的新形态。

基于 STEAM 教育理念的化学学科实践活动课程打破了传统化学各个模块章节学习的界限，注重培养学生从不同的视角提出问题、运用综合多元的思维方式分析问题、解决问题，倡导以实践活动的形式促使知识向素养转化。化学学科实践活动课程主题可以从中学化学课程标准、化学教材、化学高考试题等方面选择。课程案例的设计以培养学生的化学学科素养和发展学生核心素养为目标；以真实情境问题解决为载体，通过实验、科学探究、调研等实践活动获得知识；渗透工程思维并通过可视化的形式展示成果；鼓励小组合作，通过发展性评价（表现性评价）检验学习效果。

基于 STEAM 理念的化学学科实践活动过程就是通过实验、科学探究、调研、观察等活动解决真实情境问题的过程。真实情境问题解决过程，可以是运用已有知识、原理和模型去建构新的知识和模型，形成科学解释的过程；也可以是产生新的设计和样品来论证设计方案的过程。

基于 STEAM 理念的化学学科实践活动课程就是立足于现有的化学课程，遵循教材中原有的学科逻辑并将其与 STEAM 教育理念进行有机融合设计化学学科实践活动解决真实情境问题。在化学真实情境问题解决中，除化学知识外，通常会紧密结合物理、生物、数学、技术、工程、人文等其他学科的知识。因为这些学科间存在天然的关联，化学是研究物质的组成、结构、性质以及变化规律的学科，物理是研究物质世界最基本的结构、最普遍的相互作用、最一般的运动规律及所使用的实验手段和思维方法的学科。生物和化学是密不可分的。化学是生物学的基础学科。这在一定程度上有利于改善各学科教材之间知识点相对分散的现状。

三、基于 STEAM 教育理念的化学学科实践活动课程的特征

基于 STEAM 理念的化学学科实践活动课程的特征有主体性、真实性、实践性、整合性、科学探究性和趣味性。

（一）主体性

以人为本是我国教育改革与发展的根本。现代课程强调从"学科为中心"向"学习者为中心"转变，具体表现在"学主教从""先学后教""以学定教"，其目的是使学生"学会"并且"会学"。[1]基于 STEAM 教育理念的化学

---

① 尤小平.学历案与深度学习[M].上海：华东师范大学出版社，2019：1—2.

学科实践活动注重引导学生从被动的知识接受者转变为知识的共同建构者，从而激发学生内在的学习动力，同时也更好地激发教师的创造性智慧。一方面，让学生在真实情境问题解决或产品制作过程中，体会科学、技术、工程、人文、数学之间相互依赖、相互支撑的关系；另一方面，尊重学生的个体差异，充分发挥学生的主观能动性，使学生能够全身心地浸润其中，通过自身的探究、操作、体验、发现和感悟，得到充分的发展。在化学学科实践活动中，可以让思维活跃的学生负责设计，善于表达的学生负责访谈，文采好的学生负责编辑、撰稿，擅长美术的学生的负责美工，善于交往的学生负责联络、协调，善于信息技术的同学负责制作微课等。

（二）真实性

高考化学命题已进入新高考评价体系，以真实情境为测试载体，以学科素养为测试宗旨。根据情境学习理论，迁移是教育的目标而情境是迁移的支撑。①只有当学生在他们自己的意义框架，即他们自己正在经历着的实际生活或是其内在世界的记忆、经验和反应中，赋予新的信息和知识以意义，才能称之为学习。"读书无用论"的根源在于知识的学习脱离了知识赖以从中获得意义的真实情境。因此，创设贴近学生生活和认知基础的真实问题情境是非常必要的。

化学学科实践活动中的"真实问题情境"是指学生在实际生活、学习、实践中提取与化学知识相关的符合客观事实的情境素材。概括来说，化学学科实践活动情境主要有：日常生活情境、社会科技情境、生产环保情境、实验探究情境、学术探究情境、化学史料情境。②STEAM 教育视域下化学学科实践活动的最大特点就是在真实情境问题解决中学习知识，掌握技能，所以我们开发任何一个主题或项目，都必须选择合适的真实问题情境。2016 年美国政府提出用跨学科方法解决国家层面或者全球范围内还未解决的问题，如

---

① 杜淑贤.普通高中化学课程标准解读［M］.上海：上海教育出版社，2019：44.
② 中国高考报告学术委员会.2021 高考试题分析（化学）［M］.北京：现代教育出版社，2021：2—3.

水污染问题、人类大脑探索等实际问题。①通过动手动脑的实践活动开展教学，是 STEAM 教育的一大特色，这些实践都是基于真实情境问题解决的活动。②提倡教师根据学生的已有经验和社会生活实际创设真实问题情境，引导学生关注与化学有关的社会问题，开展以科学探究、实验为主的学科实践活动，激发学生学习化学的内在动力，培养学生的实践创新素养。

（三）实践性

化学兼具自然科学和社会科学的性质，这赋予了基础教育化学课程具有实践的内涵。1902 年，清政府颁布《钦定中学堂章程》明确中学设置化学特别讲堂，标志着在我国教育制度中首次正式确立了化学课程。③迄今颁布的化学课程标准或教学大纲近 42 版，命名中含"中学"的课程标准或教学大纲有 18 版，命名中含"初中"的有 11 版，含"高中"的有 13 版，每一版课程标准或教学大纲中无一例外地强调化学的实践应用。实验、科学探究是化学学科实践活动中最常见的实践形式。

化学学科的活动主要包括认识活动和问题解决活动，细化为学习理解活动、应用实践活动和迁移创新活动，④具体包括实验、科学探究、技术与工程设计、调查研究（参观、访谈等）、设计制作、验证、交流讨论、任务驱动、模型制作、图表数据阅读分析等多种活动形式。化学的魅力在于化学是一门中心的、实用的、创造性的学科，化学对人类文明作出了巨大的贡献，世界专利发明中有 20% 与化学有关。⑤

---

① 金慧,胡盈滢.以 STEM 教育创新引领教育未来 [J].远程教育杂志,2017(01):17—24.
② 杨九诠.学生发展核心素养三十人谈[M].上海:华东师范大学出版社,2019:180—184.
③ 课程教材研究所.20 世纪中国中小学课程标准.教学大纲汇编(化学卷)[M].北京:人民教育出版社,2001:1—2.
④ 王磊.基于学生核心素养的化学学科能力研究[M].北京:北京师范大学出版社,2017:13.
⑤ 高剑南,王祖浩.学科教育展望丛书——化学教育展望 [M].上海:华东师范大学出版社,2001:27—37.

（四）整合性

STEAM 教育旨在运用跨学科理念解决真实情境问题。跨学科整合是指将真实情境问题或现实问题融入学生生活与学习中，不带有明显的学科痕迹。根据学科体系、社会生活与学习活动、学生经验整合化学学科实践活动的内容，主要包括化学学科知识间的整合、学习方式的整合以及资源的整合。化学学科知识间的整合可以是化学与其他学科间知识的整合，也可以是化学学科内部知识的整合，其主要目的是使学生能够综合运用相关知识解决实际问题。学习方式的整合主要是指教师把教学的重心放在如何促进学生的"学"上，教师可以根据学生情况及实践活动，运用主动学习方式促进学生的深度学习。也可以运用知识可视化工具构建知识体系。资源的整合主要是指人力资源的整合和课程资源的整合，换句话说，建立校内、校外联动合作的学习共同体，跨界聚合课程资源，建设学校课程资源库，实现优质资源共享。

（五）科学探究性

目前很多国家和组织都非常强调学生科学素养的培养与测评。经济合作与发展组织（OECD）发起的国际学生评价项目（PISA），在 2015 年的测试框架中明确提出科学素养的测评。国际上对公众的科学素养主要包括对科学术语、科学概念、科学研究过程、方法以及对科学、技术、社会与环境相互关系的基本了解。我国基础教育化学课程标准中明确指出，科学探究是进行科学解释和发现、创造和应用的科学实践活动，而且提高学生的科学素养是化学课程改革的目标之一。化学实验是科学探究的一种重要途径。化学学科实践活动课程中对于科学探究的教学目标具体体现在：一是增进学生对科学探究的理解，二是发展学生的科学探究能力。有学者提出了具体的科学探究能力目标，包括提出问题、猜想与假设、制定计划、进行实验、收集证据、解释与结论、反思与评价、表达与交流。[①]

（六）趣味性

分科教学有利于简单高效地传播知识，但这种方式并不能反映我们生活世界的真实性和趣味性。美国《STEM2026》提出的六大愿景中，包含趣味性与冒险性的学习活动。[①]有的 STEM 项目注重真实情境问题解决的游戏化教学。例如，芬兰大学和美国北伊利诺伊大学合作成立了 Finnish-US，在 K-16 阶段开展基于游戏的 STEM 教育。设计基于 STEAM 教育理念的化学学科实践活动时，要把多学科知识融于有趣且富有挑战性的真实问题情境解决中，活动的设计要能激发学习者内在的学习动机，问题的解决要能让学生体验满足感与成就感，那自然需有趣味性，要做到趣味性、科学性、实践性与发展性的统一。

真实情境问题解决需要融合多学科知识，学科间本身存在天然的内在关联。例如，我们以大家熟悉的"精制食盐"为主题设计化学学科实践活动。"粗盐提纯"是化学课程标准要求的一个必做实验，也是精制食盐工艺的核心。除去粗盐中的不溶性杂质，用的方法是过滤技术，过滤的原理是利用物质的溶解性，这属于物理知识；而要除去粗盐中的可溶性杂质，需要通过一系列的化学反应将可溶性杂质转变为沉淀，再经过滤除去，这属于化学知识。物理和化学都属于 STEAM 中的科学（S）知识。在粗盐的提纯过程中，学生需要进行粗盐溶解、沉淀过滤、蒸发结晶等实验操作，这些属于技术（T）知识。同时，含有一定量可溶性杂质的粗盐进行提纯时，还涉及数学运算，这属于数学（M）知识。将以上关于粗盐提纯的科学、技术、数学知识运用到大批量的精制食盐工业中，生产"物美价廉"的食盐，涉及工程类（E）知识，尤其需要培育学生迭代优化的工程思维。

2021 年我国运城河东制盐技艺入选国家级非物质文化遗产，这是世界盐

---

① 邹晓东、陈珍国、侯著久. A-STEM：推动中国 STEAM 教育的理论与实践[M]. 上海：上海科学技术文献出版社，2020:14.

业生产史上的一个划时代标志。现代运城河东制盐工艺创新地继承了盛唐时期"垦畦浇晒"的完整工艺。教师可以梳理我国制盐工艺的发展历程，使得学生认识到"垦畦浇晒"这一先进生产方式领先于世界海盐生产技术 980 余年，被英国近代生物化学家和汉学家李约瑟称为"中国古代科学史上的活化石"。这一制盐技术一直沿用至今，约有 1300 年的历史，我国运城河东的制盐工艺见证了延续千年的传承。教师引导学生在提取有效信息的同时，让学生感受中华优秀传统文化，增强学生的民族自豪感和自信心，这是人文（A）类知识。由此可见，"精制食盐"这个化学学科实践活动案例中融合 STEAM 中的科学（S）、技术（T）、工程（E）、人文（A）和数学（M）五学科的知识，体现了 STEAM 教育理念。

综上所述，基于 STEAM 理念的化学学科实践活动课程，一方面强调科学探究、工程与技术在化学领域的应用，另一方面注重引导学生在真实情境问题解决的实践活动中体会学科之间的关联，是提升学生化学学科核心素养、发展学生实践创新素养的有效途径。

第三节　基于 STEAM 教育理念设计化学学科实践活动课程的意义

国外有学者提出 STEM 课程最常用的整合方式是通过活动（activities）形成连贯、有组织的课程结构。[①]国内有学者借鉴国内外 STEAM 教育已有成果与经验，立足于发展我国学生核心素养，提出两种以校为本的 STEAM 教育实施途径与策略：嵌入学科课程的多学科整合和作为独立项目的跨学科整合。尽管各个国家和地区因地制宜而开展的 STEAM 教育不尽相同，但绝大多数国家和地区都认为，在学科课堂中运用 STEAM 理念进行跨学科整合，是

---

① Herschbach D.R.*The stem initiative: constraints and challenges*[J]. Journal of Stem Teacher Education, 2011,48(1):96—122.

STEAM 教育培养学生核心素养的主要途径。①

STEAM 教育研究与实践已获得国际教育界的普遍认可。基于 STEAM 理念的学科课程建设是我国 STEAM 教育本土化实践的一项重要措施。基于 STEAM 理念设计化学学科实践活动课程的原因可以从宏观与微观两个层面分析，宏观层面来看，在教育领域经历了 STS 教育、STSE 教育、STEM 教育、STEAM 教育的发展演变，在中学化学教育领域也体现出这样的演变历程。从微观层面来看，基于 STEAM 理念设计化学学科实践活动课程契合基础教育化学新课程标准、化学新教材、新高考评价体系的理念；有利于深化化学作为自然科学中心学科的认识；有利于提升学生化学学科核心素养，发展学生实践创新素养。

一、STS 教育到 STEAM 教育的演变

（一）STS 教育在化学教育领域的体现

1957 年苏美冷战期间，苏联发射了人造卫星震惊了当时的世界，美国感到了前所未有的危机，开始反思"专家型知识教育"的弊端。工业革命带来的问题凸显，联合国教科文组织于 1972 年提倡要将技术、社会融入科学教育中，强调科学（Science）、技术（Technology）、社会（Society））整合的 STS 教育。科学技术的迅速发展为人类创造了巨大的物质财富，同时也带来了关于能源、环境、健康等的一系列威胁人类生存和发展的问题，而这些问题的解决都离不开化学研究，因此国家相关部门和众多学者都认为在化学学科的教学中要渗透和加强 STS 教育。

2001 年 7 月我国教育部颁发的义务教育化学课程标准中指出：引导学生认识化学在治理环境问题中发挥的功能与价值，使学生在面临与化学有关的

---

① 杨九诠.学生发展核心素养三十人谈[M].上海:华东师范大学出版社,2019:180.

社会问题时，能做出更理智、更科学的决策，这是我国化学课程标准中首次明确提出 STS 教育。

（二）STSE 教育在化学教育领域的体现

由于人类对于工业发展的过度追求和对环境问题的认识不足，经济发展违背了自然环境发展规律，人与自然环境的矛盾冲突愈加激化。"八大公害事件"是 20 世纪 30 年代到 60 年代人类遭受的重大环境灾难，如下表所示：

表 4-1　世界"八大环境污染事件"

事件	污染物
马斯河谷烟雾事件	二氧化硫等多种有害气体
多诺拉事件	二氧化硫等有毒有害物质的气体及金属微粒
伦敦烟雾事件	煤采暖产生的二氧化碳、一氧化碳、二氧化硫、粉尘等
四日市事件	重金属微粒、二氧化硫形成硫酸烟雾
洛杉矶光化学烟雾事件	氮氧化物、碳氢化合物和一氧化碳在日光作用下，形成以臭氧为主的光化学烟雾
水俣病事件	甲基汞
痛痛病事件	镉
米糠油事件	多氯联苯

从"八大环境污染事件"中的污染物可以看出，虽然化学造福人类，但是人们对某些化学物质的不当使用也会给人带来危害。为了应对环境问题产生了环境科学和环境工程学科。环境科学的各分支学科与系统科学、数学、物理及计算机等学科交叉渗透，环境工程的发展史体现了学科交叉整合的发展。因为环境问题的解决需要化学协同生物、地理、物理、数学、工程学、社会经济学、管理学等多个学科，环境教育成为科学教育的重要组成部分。由此，教育领域的 STS 教育延伸为 STSE 教育。

近两版的《普通高中化学课程标准》内容中有很多共同之处：（1）课程

目标中都明确指出，能较深刻地理解化学与科学、社会、环境等之间的相互关系，认识化学对社会发展的巨大贡献。（2）课程内容中化学与生活、化学与技术、化学与社会、化工生产、STSE 综合实验、STSE 综合实践都是明确规定的主题，而且每个主题的教学提示中都有学习活动建议和情境素材建议。（3）都强调化学是自然学科的中心学科，在材料、能源、环境、生命、医药、军事国防、信息技术等领域中发挥不可替代的重要作用，课程标准中都多次提到 STSE 教育。

（三）STEM 教育在化学教育领域的体现

目前 STEM 教育逐渐发展为一种全球性教育热点，有的国家已经将STEM教育上升至立法的层面，如美国颁布的《2015 年 STEM 教育法案》。国内外有一批学者提出 E-STEM 教育，开头的 E（Environment）是指环境教育，环境是人类所处的外部世界，是自然—社会—文化—经济综合体，自然环境和人工环境之间存在着物质、能量和信息流动，构成环境科学研究的复杂体系，环境自然成为多学科的联结点。E-STEM 教育是以环境教育为载体，整合科学、技术、工程、数学及艺术等各学科的创新教育，强调人文性与科学性的结合，并以真实环境为学习途径，培养学生 21 世纪的必备素养。

中学化学教材中涉及的环境问题包含三类：第一类是大气污染类，常见的有酸雨、酸雾、光化学烟雾、臭氧层空洞，具体污染物包括颗粒物、PM2.5、硫氧化物、氮氧化物、一氧化碳（CO）、碳氢化合物、氟氯代烃等。第二类是水体污染，常见的水体污染有含重金属（Hg、Cd、Pb、Cr）废水，主要是化工、冶金、电子、电镀废水；还有含高浓度的氮(N)、磷（P）废水，包括腐烂的含蛋白质、含磷洗涤剂及大量使用的化肥。第三类是固体废弃物污染，固体废弃如生活垃圾和工业废料造成的污染，生活垃圾如白色污染（塑料）、废旧电池（重金属）等。

中学化学教材中常见的环境污染、成因及措施如下：（1）酸雨，形成原因主要是二氧化硫（SO_2 和氮氧化合物。将煤与适量生石灰混合后燃烧或对烟道气进行处理，可减少废气中二氧化硫（SO_2 的排放。（2）光化学烟雾，主要是氮氧化合物、碳氢化合物造成的。 （3）臭氧空洞，主要是氟氯代烃、氮氧化合物等的排放引起的。禁止氟氯代烃的生产和使用以保护臭氧层。（4）温室效应，主要是由于大气中二氧化碳（CO_2 等物质含量的不断增加造成的。发展低碳经济、倡导低碳生活、增大植被面积等以减少二氧化碳的排放量，从而减弱温室效应。 （5）白色污染，聚乙烯等难降解塑料的大量使用造成的污染。适当减少塑料的使用量并开发使用可降解塑料以减少白色污染。（6）水华、赤潮，含磷洗衣粉的大量使用、工农业及城市污水的任意排放造成水体富营养化。使用无磷洗衣粉以减少水华和赤潮的发生。回收利用废旧电池以防止土壤污染和水污染。 （7）PM2.5 是指燃煤、机动车尾气中含有的直径小于或等于 2.5 微米的颗粒物。推广使用无铅汽油，在汽车尾气系统中安装催化转化器，使用燃料电池、乙醇汽油作为汽油替代品，发展电动车等措施，可减少汽车等机动车尾气的污染。 （8）雾霾主要由二氧化硫、氮氧化物以及颗粒物（PM2.5）等形成。减少化石燃料的燃烧，节能减排，开发新能源等措施可以有效降低雾霾。 （9）居室污染，甲醛、苯、甲苯、氡对空气的污染。使用合格环保型建筑材料和装饰材料等以减少甲醛的释放，降低居室装修污染。这些都是 E-STEM 教育的重要素材，同时也是基于 STEAM 理念设计化学学科实践活动课程直接可用的主题和素材。

STEM 教育发展中，延伸出很多相关的概念，如本研究提倡的 STEAM 教育。STS 教育、STSE 教育、STEM 教育、E-STEM、STEAM 教育都重视学习的实践性、融入了人文主义关怀、都体现学科的综合性。核心素养强调"人文底蕴"和"科学精神"同样重要，基于 STEAM 理念的化学学科实践活动课程强调"科学精神"和"人文底蕴"的有机融合，它让学生在科学探究、实验等实践活动中发现美、创造美。

（四）基于 STEAM 教育理念设计化学学科实践活动课程的必要性

新化学课程标准、新化学教材、新高考评价体系都强调在真实情境问题解决中，发展学生核心素养。但从教学实践来看，真实情境问题基本都是没有学科界限的综合性问题，这是学生普遍的难点和弱点，而分科教学本身就限制了这类问题的解决。STEM 教育是培养学生核心素养的很好载体。STEAM 教育的实质是运用综合多元的思维方式解决真实问题。绝大多数国家和地区认为，在学科课程中开展 STEAM 教育是发展学生核心素养的主要途径。[①]基础教育课程方案中提出的学科实践活动课程，为我们探索基于 STEAM 教育理念的化学课程建设提供了契机。

核心素养导向的课程设计能发挥教育的最大效能。[②]目前教育工作者和研究者主要关注化学常规教学中核心素养培育的研究，但基于化学学科实践活动课程发展学生核心素养的相关研究寥寥无几，而基于 STEAM 教育理念设计化学学科实践活动课程发展学生核心素养的实证研究基本没有。基于STEAM 教育理念的化学实践活动课程设计是依据课程标准展开的微观层面的课程设计，体现了教师依据学生发展核心素养、化学学科核心素养和化学课程标准进行国家课程校本化的过程，是 STEAM 教育本土化的实践探索。

二、 基于 STEAM 教育理念设计化学学科实践活动课程的意义

在我国分科教学的大背景下，化学学科逻辑是众多课程专家和一线教师从多角度论证的，符合学生学习的规律，客观上有利于学生由浅入深、由易到难地进行知识学习。在化学学科实践活动课程设计中，恰当地融入 STEAM 教育理念，纵向上可适当打破化学学科内各教材之间的界限，横向上加强化学与其他学科间的联系，有利于培养学生跨学科和综合解决问题的能力。运用 STEAM 教育理念设计与实施化学学科实践活动课程的意义表现在以下 5 个方面：

（一）有利于深化化学作为自然科学中心学科的认识

徐光宪院士指出："根据研究对象可将科学分为上游、中游和下游，数

---

① 杨九诠.学生发展核心素养三十人谈[M].上海:华东师范大学出版社,2019:180.
② 蔡清田.核心素养导向的校本课程开发[M].长春:东北师范大学出版社,2020:168.

学、物理是上游，化学是中游，生命、材料、环境等新兴科学是下游。化学是中心科学，是从上游到下游的必经之地"。①由此可见，化学是一门承上启下的科学，能在相关学科的发展中起基础、牵头、带动和推动的作用。化学是研究物质的科学，而世界的本质是物质的，所以时时处处都有化学。周公度先生指出未来化学要以可持续发展作为思考问题的中心，和其他学科融合在一起开拓可持续发展的研究。"化学是中心学科"，并不是说化学是所有学科的中心，是强调化学在社会和科学系统中的多边关系和地位，是指其他门类的自然科学之间，或者自然科学与工程技术之间的联系都需要以化学为中间媒介。例如，现代的生命科学和材料科学，如果缺少化学的介入，就不能达到较高的水平；数学和物理，也需要通过化学的中介，才能在科学与技术中发挥较好的作用。

21 世纪的化学发展趋势有"五多"，即多学科交叉、多层次发展、多尺度分布、多整合生产、多方法写作。②20 世纪 50 年代以后，学科内部及学科之间的综合愈加明显。化学不仅在化学内部各个学科之间交叉发展，它还和生命科学、电子科学、纳米科学、材料科学、能源科学等多个领域的多个学科之间交叉发展，与之产生的交叉学科近 40 门。

（二）契合新高考评价体系的理念及要求

下面从新高考评价体系和高考化学试题两个方面分析基于 STEAM 教育理念设计化学学科实践活动课程的意义：

1. 契合新高考评价体系的理念

2020 年我国教育部考试中心发布了《中国高考评价体系》，回答"培养什么人、怎样培养人、为谁培养人"这一教育根本问题。下面重点从学科素养、关键能力、考查要求与试题情境方面分析。

---

① 徐光宪.今日化学何去何从？[J].大学化学,2003,18(1):1—6.
② 周公度.化学是什么[M].北京:北京大学出版社,2019:209—310.

（1）学科素养

学科素养是指学生能够在正确的思想价值观念指导下，合理运用科学的思维方法、必备知识和关键能力解决真实情境问题的综合品质。我国教育部构建的学科素养指标体系，包括"学习掌握、实践探索、思维方法"3 个一级指标，又细化为"信息获取、理解掌握、知识整合、研究探索、操作运用、语言表达、科学思维、人文思维、创新思维"9 个二级指标。[①]学科素养指标体系中，学习掌握中的知识整合素养对应 STEAM 教育中的科学（S）；实践探索中的研究探索、操作运用对应 STEAM 教育中的技术（T）与工程（E）；思维方法中的科学思维对应 STEAM 教育中的科学（S），人文思维对应 STEAM 教育中的人文（A）。具体到化学高考，学科素养是指：化学观念、思维方法、实践探究、态度责任。[②]化学课程标准凝练的化学学科核心素养是化学学科素养的具体化表述。

（2）关键能力

关键能力是指学生面对实际生活和真实问题情境时，发现问题、分析问题、解决问题所必备的能力。基于学科素养导向，高考评价体系确立了符合考试评价规律的 3 个方面的关键能力群：以认识世界为核心的知识获取能力群、以解决实际问题为核心的实践操作能力群以及涵盖各种关键思维能力的思维认知能力群。

根据高考的特征，高考评价体系将这 3 个方面关键能力的发展水平作为主要考查内容，以区分学生综合能力水平的高低，引导基础教育对学生综合能力的培养。"实践操作能力"是指学习者在面对生活实践或学习探索问题情境时，进行学以致用的学科认知操作和行动操作的过程中表现出的稳定的个性心理特征，是理论联系实际所必须具备的能力基础。主要包括：实验设计能力、数据处理能力、信息转化能力、动手操作能力、应用写作能力、语

① 教育部考试中心制定.中国高考评价体系[M].北京:人民教育出版社,2020:18—27.
② 中国高考报告学术委员会编.E 中国高考报告丛书——2021 化学高考试题分析[M].北京:现代教育出版社,2020:11.

言表达能力等。具体到高中化学高考，关键能力是指：理解与辨析能力、分析与推测能力、归纳与论证能力、探究与创新能力。[①]

（3）考查要求与试题情境

2020 年高考命题已进入高考评价体系时代，高考化学命题紧紧围绕着"一核四层四翼"的高考评价体系，从整体上看强化了对化学观念、思维方法、实践探索、态度责任等学科素养的考查，体现了高考评价体系对基础性、应用性、综合性、创新性的考查要求。"四翼"体现高考的考查要求，基础性是指高考强调基础扎实；综合性是指高考强调融会贯通；应用性是指高考强调学以致用；创新性是指高考强调创新意识和创新思维。高考评价体系指出，由于情境活动不同，情境与"四翼"也存在一定的对应关系，并且明确提出基于情境和情境活动的命题要求。[②]高考评价体系中的情境主要涉及生活实践和学习探索两大类。根据情境的复杂程度，分为简单情境和复杂情境。高考化学试题情境主要涉及日常生活、生产环保、学术探索、实验探究、化学史料等。

2. 指向化学学科核心素养的高考试题分析

化学高考正处于由"理综拼盘式"逐步过渡到"单一学科命题"的阶段，学科试题以实际问题为测试任务，以真实情境为测试载体，以学科素养为测试宗旨，全面考查学生的必备知识和关键能力。[③]2020 年高考全国卷理科综合和新高考化学命题有较大的创新，具体体现在：命题淡化必考和选考界限，必修与选择性必修内容融合命题，强化学科内知识的整合。引入了大学化学教材中的相关知识创新命题，改变了命题形式，设置不定项选择题，图示和图像题加大创新命题的力度。国内有研究团队，提出了基于新高考评价体系指向化学学科核心素养的试题分析细目表（如表 4-2），为我们进行试题分析和教学提供了可借鉴的思路和方法。

① 教育部考试中心制定.中国高考评价体系[M].北京:人民教育出版社,2020:23—25.
② 教育部考试中心制定.中国高考评价体系[M].北京:人民教育出版社,2020:38—39.
③ 中国高考报告学术委员会.E 中国高考报告丛书——2021 年化学高考试题分析[M].北京:现代教育出版社,2021:1—4.

表 4-2　基于高考评价体系指向化学学科核心素养的试题分析细目表

题型	题号	试题简析	真实情境	考查内容					学科核心素养水平	实测难度
				核心价值	学科素养	关键能力	必备知识	考查要求		

通过研究近几年全国Ⅱ卷化学高考试题发现，高考试题越来越多地呈现出综合性知识的考查，跨学科跨领域渗透中华优秀传统文化、绿色化学、环境教育等。由此可见，高考评价体系、高考化学试题与STEAM教育理念非常契合。

（三）有利于落实化学课程标准

我国的化学教育始于19世纪中叶，始终把实践育人放在首位。普通高中化学新课程标准较以往更加强调以下几个方面：第一，强化学科实践，注重做中学。引导学生参与实验、科学探究等化学学科实践活动，在解决实际问题的过程中，建构知识、运用知识、创造价值，体会化学学科的思想方法，形成科学思维和正确的价值观念，发挥实践活动多方面的育人价值。课程内容以主题的形式展开，每个主题的教学提示中具体提出了教学策略、学习活动建议和情境素材建议，为我们设计学科实践活动提供了很好的素材和建议。第二，加强知识与实际生活的联系。具体来说，加强知识学习与现实生活、学生经验、社会实践之间的联系，注重真实情境的创设，增强学生认识真实世界、解决实际问题的能力，加强知识间的内在关联，促进知识结构化。第三，加强跨学科学习。课程标准中提倡开展学科内综合和跨学科综合的实践活动，如实验探究、科学探究、设计制作、专题调查、参观访问、科普宣讲、专家讲座等，鼓励开展主体性实践活动和项目式学习活动。第四，使学生真正成为学习的主体，创设以学生为中心的学习环境，满足学生多样化学习意愿。要求教师真正承认学生的主体地位，考虑学生的情感需求，设计能够让学生全身心沉浸的学习活动。强调教师对学习内容的整体设计，注重知识的内在联系。倡导给学生提供适当机会，使学生能够实现知识的实践转化和综合应用。

《普通高中化学课程标准》中选修课程包括实验化学、化学与社会、发展中的化学科学三个系列，具体包括化工生产过程模拟实验、STSE（科学、技术、社会、环境）综合实验、化学与生活、化学与社会、STSE 综合实践、作为交叉学科的化学以及化学工程研究进展，这些主题都与学科实践活动和跨学科实践活动紧密相连，是设计化学学科实践活动课程的重要素材。

义务教育课程方案建议学科（跨学科）实践活动内容可以与各学习主题中的核心内容及学生必做实验的教学进行整合，以 10% 的学科实践活动来推动 90% 课时内容的教学改革。义务教育课程方案明确提出，通过化学与社会的跨学科实践，使学生知道科学与技术有助于解决社会问题，体会化学是推动人类社会可持续发展的重要力量，能从物质及其变化的视角认识化学与资源、能源、材料、环境、健康等的紧密联系。更加强调运用化学融合技术、工程、人文、数学等解决跨学科问题的思路和方法。

通过设计与实施化学学科实践活动，可以帮助学生逐渐形成应用元素观、微粒观、变化观等化学观念和科学探究方法解决问题的思路；认识在解决实际问题时，需要综合运用各学科知识，有效使用科学技术以协作的方式解决；鼓励学生要敢于探索社会性科学议题与未来不确定性挑战。我们要坚持素养导向，准确把握课程标准，明确教学内容和教学活动的素养要求，精准设定教学目标，改革教学过程和教学方法，把素养培养落实到学科实践活动中。

（四）契合化学新教材的理念

教材是课程的载体，是课程标准和课程内容的具体表达，在教学活动中起着重要的作用。普通高中化学教材是根据普通高中课程方案和化学课程标准编制的教学用书，是先进教育理念在化学学科中的具体体现。各版本的普通高中化学教材中都蕴含 STEAM 教育理念及内容。

1. 化学教材内容及呈现形式蕴含 STEAM 教育理念

我国现在使用的 3 个版本（人教版、鲁科版、苏教版）的高中化学教材，不论是教材内容还是呈现形式上都体现出 STEAM 教育理念。高中化学教材中的科学探究与实验最能体现 STEAM 教育理念。无论是哪个版本的教材"科学探究""实验"板块都是重要组成部分，这是由化学学科的特性决定的，而这两个板块有机融合了科学类（S）、技术类（T）、工程类（E）、人文类（A）、数学类（M）知识。3 个版本的化学教材在呈现形式上凸显出 STEAM 教育理念，比如 3 个版本的教材多结合图片、事例呈现知识内容，能让学生直观感受化学的功能与价值，让学生感悟学好化学的意义。下面以鲁科版和人教版教材为例，分析 STEAM 教育理念在化学教材中的体现。

鲁科版教材的呈现形式上具有一系列独具匠心的设计。其中"联想·质疑""观察·思考""资料在线（拓展视野、身边的化学、化学与技术、化学与社会等）""交流·研讨"栏目主要体现 STEAM 中的科学类（S）知识；"活动·探究""迁移·应用""方法导引""练习与活动"（包含学习·理解、应用·实践、迁移·创新三个层次）主要体现技术类（T）知识、工程类（E）和人文类（A）知识；数学类（M）知识贯穿在教材的各个部分之中。除此之外，每章设置一个微项目，开展项目式学习，引导学生学以致用，实现知识向关键能力和核心素养的转化。项目式学习是 STEAM 教育最典型、最常用的学习方式。

人教版高中化学新教材中所涉及的探究、方法引导、研究与实践、化学与职业等多个栏目内容都与 STEAM 教育理念紧密联系。探究栏目旨在培养学生的科学探究精神；方法导引栏目体现 STEAM 中的数学思想、技术思维等；研究与实践以及化学与职业等栏目展示的内容不仅与 STEAM 教育理念所倡导的实践性与跨学科性相融合，还有利于学生体验化学的魅力。具体来说"科学探究""科学视野""实验"板块中体现 STEAM 中的科学类（S）知识；在"实验""实践活动"中体现 STEAM 中的技术类（T）知识和工程类（E）知识；工程类（E）、人文类（A）知识主要设置在"科学史话"板块中；数学类（M）、人文类（A）知识贯穿在教材的各个部分。实质上，科学、技术、工程、人文、数学知识是有机融合到教材中的。

2. 化学教材与 STEAM 教育的相关研究

近几年，国内有一些基于 STEAM 教育理念对现行教材进行的研究。有研究者对我国高中化学人教版（2019 版）与美国 IB 课程化学教材（standard level chemistry，2014 年版）进行了对比分析发现，从知识维度上看，两本化学教材中都涵盖了 STEAM 教育的跨学科内容，主要涉及科学知识。[①]有研究者以高中物理、化学和生物教材为研究对象，对教材进行量化研究发现，我国高中理科教材都全面涵盖了 STEM 各科目，且呈现出以科学为主体，工程和数学相对薄弱的特点。[②]有研究者从情境、技术思维和工程思维 3 个维度分析，我国现行的 3 个版本（人教版、鲁科版、苏教版）化学教材中的化工主题内容发现，鲁科版教材与 STEM 的诉求最为契合。[③]教师和学生对于化学教材中融合 STEAM 教育理念普遍持积极态度，认为STEAM 教育理念倡导学生运用跨学科知识解决实际问题，能够提升学生各方面能力，有利于全面型人才的培养。

（五）有利于发展学生核心素养

为紧跟国际教育发展潮流，我国积极探索以学生发展核心素养为中心的课程改革。我国的学生发展核心素养包括六大素养，其中科学精神素养的内涵与 STEAM 教育中的科学、数学内涵相契合，实践创新素养的内涵与 STEAM 教育中的技术、工程、数学的内涵相契合，人文底蕴素养的内涵与 STEAM 教育中的艺术素养相契合。中国教科院 STEM 教育研究中心出版的《STEM 教育这样做》一书中指出，STEM 教育是培养学生核心素养的很好的载体。[④]国内有多位学者做了"STEAM 教育发展学生核心素养"的主题报告。

① 王淑婷. 中美高中化学教材中融合 STEAM 理念的比较研究［D］. 重庆：西南大学，2021:111.
② 王涛. STEM 视角下的高中理科教材分析［D］. 青岛：青岛大学，2019:1.
③ 蒋子龙. STEM 视野下探索中学化学教材中化工主题内容的建构［D］. 上海：上海师范大学，2017:38.
④ 王素，李正福. STEM 教育这样做［M］. 北京：教育科学出版社，2019:34.

这些都说明 STEAM 教育是发展学生核心素养的重要策略。

中国学生发展核心素养和学科核心素养有一个共同点就是它们都是整合的综合素养，各个素养之间相互联系、相互补充、相互促进，在不同的情境中整体发挥作用。学生发展核心素养、学科核心素养是高度概括的抽象概念，在学生面对真实情境问题解决时才能外显出来。不论是学科核心素养还是学生发展核心素养都是学生成长和发展应该具备的基本素养，具有广泛的适用性和迁移性，可以增强我们的社会适应能力。学科实践活动具有学科性、实践性、建构性、综合性、开放性五大特征，而学科核心素养具有高度整合性、实践性、建构性等特性，所以采用学科实践活动这种实践性教学方式更有利于培养学科核心素养。[①]

培养学生的化学学科核心素养是普通高中化学课程的目标。普通高中化学教材中的科学类知识主要是化学知识、还涉及物理知识、生物知识等，科学知识的学习有利于提升学生的"宏观辨识与微观探析""变化观念与平衡思想"以及"证据推理与模型认知"素养，这三类素养主要体现出化学学科的特征。科学探究和实验是化学学科基本的实践活动形式，其探究主题涉及能源、环境、资源、生命、健康、国防、信息技术等领域，其内容涉及科学、技术、工程、人文、数学知识，这些有利于提升学生"科学探究与创新意识"和"科学态度与社会责任"素养。

高中化学教材中的科学探究与实验是化学课程标准、教材、高考试题的重点和难点，恰是 STEAM 教育的综合体现。化学是一门以实验为基础的学科，高中化学课程标准中规定了 18 个学生必做实验，这与化学学科的性质相符合。化学实验分为定性实验、定量实验以及综合实验，通常包含科学（S）知识、技术（T）知识、数学（S）知识。学生通过实验操作，不仅可以学习化学概念及原理，还可以提升学生的实践动手能力。我们在实验教学中要引导学生不断地发现问题，解决问题，并优化改进，这是 STEAM 教育中工程

① 姚茹.指向大概念的学科实践活动设计研究[D].成都:四川师范大学,2021:37.

(E) 思维的重要体现。无论是科学探究，还是实验的设置，都是 STEAM 理念的体现，在化学学科实践活动课程设计中渗透 STEAM 教育理念，有利于提高学生的化学学科核心素养和学生发展核心素养。

化学实践活动课程中融入 STEAM 教育理念，符合新课改的要求。因此，基于 STEAM 教育理念设计化学学科实践活动，有利于深化化学作为自然科学中心学科的认识，也有利于发展学生核心素养，是落实《普通高中化学课程标准》、新高考评价体系、化学新教材理念的内在需求。

第五章　基于 STEAM 教育理念的化学学科实践活动课程设计的实践探索

基于 STEAM 教育理念的学科课程建设更合适我国、更具有生命力。学科实践活动课程兼具学科课程与活动课程的特征，是学科课程与教学变革的新形态。本研究，基于 STEAM 教育理念的化学学科实践活动课程是以学生活动为中心，以掌握跨学科知识和发展学生核心素养为目的，是现阶段跨学科课程发展的主要路径，也是实现 STEAM 教育与化学学科教学有机融合的重要策略。

应社会的快速变迁与课程改革的需要，核心素养导向的校本课程开发具有重要意义。[①]泰勒的课程设计目标模式，奠定了现代课程设计的基础，可以应用于不同层面的课程设计。也就是说，无论从什么角度提及课程设计，总是离不开课程目标、课程内容、教学活动及课程评价 4 个基本要素。基于 STEAM 教育理念的化学实践活动课程设计是依据课程标准、教材、高考评价体系展开的微观层面的课程设计，是教师及课程开发共同体，从教学实践层面对课程目标、课程内容、教学活动和课程评价等要素的具体处理与规划，兼具学科知识间整合及化学学科内知识整合的特点。

教育理论与实践严重脱节，影响了教育教学质量，而教育行动研究能够有效解决这一问题。理论和实践证明，开展行动研究是促进教师专业发展的

---

① 蔡清田.核心素养导向的校本课程开发[M].长春:东北师范大学出版社,2020:34.

重要途径，①教育行动研究可以帮助教师解决在教育实践中遇到的教学问题，有效激励教师培养自我反思意识，从而提升教师专业能力。②本研究是扎根于研究者本人的教学实践发现问题、解决问题的实践过程，是循环往复、螺旋上升的行动过程。按照行动研究的思路展开，每一轮行动研究的基本步骤主要分为计划、行动、观察与反思 4 个阶段，③基本操作流程，如图 5-1 所示：

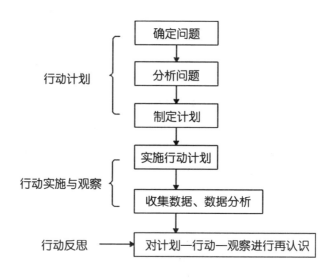

图 5-1　行动研究基本操作流程

　　根据第一轮行动研究结果的分析与反思，进行调整与改进后确定第二轮行动研究计划。每一轮行动研究的行动计划主要是指明确研究问题、分析问题、制定行动计划，主要包括课程目标的确定和课程内容的选择与组织。行动实施阶段主要是教学活动的设计、实施与观察。行动反思阶段主要是对整个课程设计的反思。

①　刘知新.化学教学论［M］.第 5 版.北京:高等教育出版社,2019:399.
②　黄梅.化学教育研究方法［M］.北京:科学出版社,2019:210—213.
③　黄梅.化学教育研究方法［M］.北京:科学出版社,2019:208—216.

本研究的案例学校是北京的一所完全中学。采用 SWOT 分析法，即运用系统分析的思想，对案例学校的地理环境、硬件设备、教师资源、管理力量、学生状况、家长配合、社会参与、课程状况方面，进行优势、劣势、机会与威胁 4 个方面的分析。在课程设计与实施中发挥优势，克服弱势，利用机会，化解威胁因素。通过 SWOT 分析，各方面条件允许在高一年级作为校本课程，开展基于 STEAM 教育理念的化学学科实践活动课程设计的实践探索。

第一节　《趣味化学》课程设计的实践探索

第一轮行动研究《趣味化学》课程设计的实践探索，采用泰勒的目标课程设计模式设计化学学科实践活动课程，具体包括课程目标的确定、课程内容的选择与组织、教学活动设计与实施、课程实施效果评价与反思。

一、课程目标的确定

我们要明确的研究问题是：怎样设计化学学科实践活动课程有利于培养学生的核心素养？要解决这个问题，一方面要理清楚化学学科实践活动课程与学生发展核心素养的关系，另一方面要对化学教学现状进行分析，在此基础上确定《趣味化学》课程的目标。

（一）化学学科实践活动课程与学生发展核心素养的关系

自 20 世纪 90 年代以来，核心素养成为当今国际教育实践与教育研究的热点。纵观国内外对核心素养的实践与研究，达成共识的观点有：核心素养具有根本性、基础性、可迁移性，是某几项素养的综合素养。深化课程改革，提升人才培养质量的核心在于发展学生核心素养。我国学生发展核心素养以培养"全面发展的人"为核心，分为文化基础、自主发展、社会参与 3 个方面，综合表现为人文底蕴、科学精神、学会学习、健康生活、责任担当、实践创新六大核心素养，具体细化为国家认同等 18 个要点，各要素之间相互联系、相互补充、相互促进，在不同情境中整体发挥作用。[①]

新修订的普通高中各学科课程标准的突出特点是凝练出了各学科核心素养，体现出教育目的、学生发展核心素养、学科核心素养逐渐具体化的路径，倡导教师依据学科核心素养展开课程与教学。社会飞速发展，为促进学生的全面发展，学科教师需要落实学科核心素养与学生发展核心素养的衔接任务，这为渗透核心素养的化学学科实践活动课程提供了契机。基础教育课程方案规定学科实践活动课程建设要突出实践性、探究性，鼓励教师采取多种实践形式，逐渐形成学科内综合、跨学科整合的课程体系。倡导学校、科研机构等部门联合相关机构开发学科实践活动课程，充分利用社会各界资源。

（二）化学教学现状分析

自新课程改革以来，我国基础教育现状确实有很大的改善，但在严峻的应试环境下，很多学校仍是以学生升学为导向，成绩仍然是衡量学校教育质量的主要指标，使得教师不敢放开手，只能基于学生和学校的实际开发学科实践活动课程。部分教师为了解决教学任务重而教学时间又紧张的问题，只能集中精力进行教材知识的传授、考试技巧的训练。化学课堂上部分教师可能考虑到教学任务量和实验安全问题，在教学中主要采用演示实验和"讲实验"的方式，很少开展自主探究的学生小组实验，这使得教师对科学探究、实验等实践活动的教学都处于"心有余而力不足"的状态。纵观我国每一版化学教学大纲或化学课程标准，无一例外地都强调化学是一门以实验为基础的学科，要求教师在化学课程与教学中要充分发挥实验的功能与价值。

（三）确定课程目标

义务教育课程标准和普通高中课程方案中都明确提出学科实践活动课程。由于初中化学学习的设置只有九年级（初三）一学年，而且是考试科目，在

---

①　核心素养研究课题组.中国学生发展核心素养[J].中国教育学刊,2016(10):1—3.

这一年里学生既要适应化学学习的大容量快节奏，又要应对统一考试。而初一、初二的学生没有化学基础。这些客观情况使得教师在初中开展化学学科实践活动课程的难度加大。因此，第一轮行动研究针对高一的学生设计题为《趣味化学》的化学学科实践活动课程，以校本课程的形式开展。

《趣味化学》校本课程的设计始终围绕以提高学生化学学科核心素养和发展学生核心素养为目标，重在培养学生化学学科核心素养中的科学探究与创新意识、科学精神与社会责任素养，发展学生核心素养中的实践创新素养。具体来说，表现在以下 3 个方面：首先，以"科技与生活融合，成长与快乐同行"为主旨，激发学生兴趣及学习内驱力。其次，以趣味化学实验及科学探究为主要活动形式，突出学生的主体地位。最后，教学活动的设计注重学生之间的小组合作与交流，提升学生的化学实验能力和科学探究能力。

二、课程内容的选择与组织

化学学科实践活动课程内容的选择上以化学与生活、化学与社会为主线，通过趣味实验、科学探究等实践活动，使学生体验化学的功能与价值，培养学生终身发展和社会发展所需的必备品格和关键能力，落实学生化学核心素养。笔者认为化学学科实践活动课程内容的建构应该是在实践中持续的、动态的、逐步完善的过程。《趣味化学》课程内容主要选择与学生的生活息息相关的问题，使学生感受科技与生活紧密相关。由此确定了化学与饮料、化学与饮水、化学与洗护、化学与宝石、化学与装修 5 个单元，每个单元包含若干个主题及趣味实验。《趣味化学》的课程内容如表 5-1 所示：

表 5-1 《趣味化学》课程内容

单元	主题	核心素养
化学与饮料（6 课时）	1. 自制苏打水 2. 自制碳酸饮料 趣味化学实验：（1）泡泡船比赛 （2）可乐喷泉 3. 认识饮料中的添加剂与防腐剂 趣味实验：自制"无肉肉丸"	化学学科核心素养：科学探究与创新意识、科学精神与社会责任
化学与饮水（6 课时）	1. 探究自来水厂的净水过程 2. "给纯净水一个说法" 趣味实验：自制简易净水器 3. 从知名品牌矿泉水的广告资料中认识天然矿泉水 趣味实验：自制面膜	
化学与洗护（4 课时）	我们如何选择适宜的洗护用品？ 1. 认识酸碱指示剂 趣味实验：颜色嘉年华 2. PH 试纸的使用 趣味实验：生活洗护用品 PH 值的测定	学生发展核心素养：实践创新素养
化学与宝石（4 课时）	走进宝石世界 1. 如何鉴别红、蓝宝石 2. 如何鉴别水晶 趣味环节：鉴宝节目秀	
化学与装修（4 课时）	1. 如何选择居室装修材料？ 2. 用植物消除室内甲醛的探究 趣味实验：教室内甲醛含量的测定	

确定课程内容主题时，教师引导学生针对社会热点和生活中的困惑各抒己见，进行头脑风暴式的交流与讨论，议题大致相同的同学成立专题研究小组，在这过程中涌现出很多具有研究价值的课题，进而设计成我们的课程内容。比如，化学与饮料单元学习主题确定的过程如下：

教师提出开放性问题：孩子们，夏天你们最需要、最喜欢什么？

学生的回答主要有两类：水和饮料。

教师的意见：酷热的夏天，市场上的各种饮料是很多同学的最爱，但有时老师、家长却说是垃圾饮料！

化学是讲究证据的科学，那我们亲自制备两大类饮料：苏打水和碳酸饮料，这就形成了"化学与饮料"单元的两个主题。教师设计活动，引导学生在生物实验室①自制碳酸饮料和苏打水，实践活动中渗透托盘天平、电子秤的使用、一定质量分数溶液的配制、基本化学反应等核心知识。请学生亲自尝一尝自制饮料，发现自制饮料真是很难喝，远不如买的，为什么呢？以此激发起学生探究新知的兴趣，调动学生参与的内驱力。通过讨论大家一致认为，我们的饮料中缺乏添加剂。紧接着我们"化学与饮料"单元又产生了"认识饮料中的添加剂与防腐剂"主题。通过以上方式我们确定了"化学与饮料"学习单元，这一学习单元中包含 3 个主题：自制苏打水、自制碳酸饮料、认识饮料中的添加剂与防腐剂。设计的相应的趣味化学实验有：泡泡船比赛、可乐喷泉、无肉肉丸。

第一个学习单元结束后，又开始了新学习单元及主题的确定。教师引导学生思考：还有一部分同学在酷热的夏天更喜欢饮水，老师觉得相比较饮料而言喝水更健康。那同学们对水的认识有哪些呢？哪种水更有益于我们的健康？在各抒己见的过程中涌现出一些有研究价值的问题，比如：自来水是怎么来的？为什么净水器在欧美市场的销量远大于我们国家？为什么国外发达国家的人更喜欢饮用纯净水？为什么有报道说经常喝纯净水没营养不利于身体健康，最好的水是自来水？矿泉水好，但假的多，为什么呢？经过教师与学生的共同探讨，我们确定化学与饮水单元，其主题围绕与我们息息相关的3 种常见水：自来水、纯净水和矿泉水展开。主题一：探究自来水厂的净水过程。主题二：给纯净水一个说法，旨在探究社会性议题"纯净水纷争"。主题三：认识天然矿泉水。教师与学生共同确定的单元还有化学与洗护、化学与宝石、化学与装修。

---

① 注释：之所以在生物实验室开展此活动是因为学校化学实验室不允许带入与食物相关的物品。

三、教学活动的设计与实施

国内有学者提出，单元教学设计既是课程开发的基础单位，也是课时开发的背景条件。[①]为促进学生的深度学习，在《趣味化学》校本课程的实施中，尝试运用《深度学习：走向核心素养（化学学科教学指南）》一书中提出的单元教学模式，主要包括单元学习主题的确定、单元学习目标的确定、单元学习活动的设计、持续性评价的设计。[②]

（一）单元教学活动的设计

1. 确定单元学习主题

单元学习主题的确定，要以发展学生核心素养为目标，不仅要贴近社会和生活，还要涵盖化学核心知识和关键能力。根据高一学生的认知特点、学情、兴趣及需求，确定单元主题。首先，要能够体现化学学科的实验特色，能够引导学生从化学的视角认识世界，关注化学与生活生产的紧密联系，关注社会的发展，培养学生的科学态度与社会责任。其次，以贴近学生生活为原则，引领学生融入化学世界中，不仅能够培养学生发现问题、解决问题的能力，同时也为学生的学习营造良好的学习环境。

教师引导学生针对社会热点和生活中的困惑确定单元学习主题，主要涉及学生日常生活中需要解决的实际问题和社会热点问题。实践表明这类主题很受学生欢迎，能够很好地提升学生的学习兴趣，激发学生的内在学习动力。

2. 确定单元学习目标

根据单元学习主题和学情，确定单元学习目标。教师引导学生思考：针对主题你困惑的问题有哪些？这些现象背后的原因是什么？蕴含着怎样的规律？从而激发学生探究的愿望和兴趣，调动学生探究问题的内在动力，让学

---

① 陈彩虹,赵琴等. 基于核心素养的单元教学设计[J]. 全球教育展望,2016(1):121—128.

② 胡久华.深度学习.走向核心素养(化学)[M].北京:教育科学出版社,2019:10—42.

生在实验、科学探究中充分了解化学对生活、健康和社会进步发挥的重要作用。《趣味化学》课程中每个单元目标依具体内容不同有所差异，但整体上围绕以下 3 个维度设置：

（1）以化学学科实践活动课程为依托，使学生正确认识化学，激发学生化学学习的内驱力。以趣味实验为切入点，以化学与生活、化学与社会为主线，精心策划化学学科实践活动课程的主题与活动，实现"人人参与、人人有收获"的目标。

（2）掌握科学探究的方法。引导学生要善于发现生活、社会中的困惑与问题，培养学生探究的意识与科学的态度，引导学生用科学探究的方法解决问题。引导学生体验科学探究的一般过程与方法，即分析真实情境或现实问题—合理的猜想或假设—设计科学合理的实验方案验证—根据实验结果得出合理的结论或共识。

（3）引导学生了解化学对个人、生活和社会的影响，增强学生的社会责任感。引导学生了解化学在日常生活中的重要作用，体会时时处处有化学，使学生对化学有一个积极正面的印象。同时也要引导学生了解化学是把双刃剑，要合理利用化学来保护自己，造福人类。

3. 整体规划单元学习主题的教学，设计单元学习活动

依据学生能力规划整个单元学习主题教学要完成的具体任务、课时安排。单元学习活动的设计应当推进学生"科学探究与创新意识""科学态度与社会责任"的核心素养的有效落实。在每一个单元学习中依据单元学习主题、单元学习目标和学情分析，围绕实际问题或真实情境，设计适当的活动。在一系列实践活动中，培养学生的问题解决能力和实践创新能力。活动的设计中将生活元素融入课堂中，使学生乐于体验科学探究的艰辛和喜悦，感受化学的奥妙与和谐，自然而然地使学生向往化学、喜欢化学。教学活动的设计主要以实验、科学探究、查阅资料、访谈等实践活动为主，鼓励学生积极参与，重视学生的亲身体验。

4. 设计持续性评价

化学学科实践活动课程实施中，尝试构建促进学生核心素养发展的评价方案。教师和学生既是课程开发的主体，也是评价的主体，每一主题的学习坚持学生自评、小组互评与教师评价相结合，评价内容突出学生核心素养的提升。

（二）单元教学活动的实施

下面以《趣味化学》课程中，化学与饮水单元为例，具体介绍化学学科实践活动课程单元教学活动的实施。

1. 确定单元学习主题

以"化学与饮水"单元为例，本单元学习主题名称为"走进饮用水世界"。从单元学习主题的价值来看，水是自然界最为普遍的物质之一，与人类的生产、生活息息相关，是中学化学教学最常见的物质。人的生命离不开饮用水的滋养，中学教材中与水相关的知识很多，但没有专门探究饮用水的章节。那么设计《走进饮用水世界》专题，就显得很有必要。另外，本单元是针对学生的兴趣与困惑专门设计的，与学生交谈中发现，有部分学生因为对化学不了解，一提到化学物质就与有毒有害、核武器爆炸等联系在一起，对化学望而生畏，甚至有很深的误解。

设计本单元学习主题的初衷如下：首先，让学生体验化学的魅力，使他们对化学有一个积极正面的印象。其次，让学生体会我们本身就生活在化学的世界里，时时处处有化学，学好化学能够造福人类。最后，本单元教学不光是拓宽学生的知识面，更重要的是激发学生的学习兴趣和内在学习动力。

2. 确定单元学习目标

本单元尝试通过化学学科实践活动课程的教学提升学生"科学探究与创新意识""科学精神和社会责任"的化学学科核心素养；发展学生的实践创新素养。"走进饮用水世界"单元设计了 3 个主题，引导学生认识生活中 3 种常见饮用水即自来水、纯净水和天然矿泉水。主题一重点是探讨自来水厂的净化过程；主题二从"纯净水纷争"展开，引导学生对纯净水有一个正确认识，探讨如何自制简易净水器；主题三从市场上知名品牌矿泉水广告资料中认识天然矿泉水的来源、形成、成分与含量、品质，并且体验天然矿泉水的妙用——自制面膜。3 个主题间是相互关联的：主题一"走进自来水"中，学生认识了自来水，得知通过对自来水的净化处理可以得到纯净水；主题二"走进纯净水"中，学生在正确认识纯净水的同时，也意识到纯净水中缺乏人体必需的矿物质和微量元素，而主题三"走进矿泉水"的学习中，学生知道了天然矿泉水富含人体必需的矿物质和微量元素。

根据以上分析，确定本单元的学习目标为：

（1）引导学生对生活中常见的自来水、纯净水、矿泉水有一个较为全面的了解。

（2）引导学生要善于发现问题，解决问题，提升学生的实践动手能力。

（3）让学生体会到时时处处有化学，用好化学能造福人类，消除对化学的误解。

3. 整体规划单元学习主题的教学，设计单元学习活动

根据学生情况，确定本单元的重点是让学生认识生活中 3 种常见水即自来水、纯净水和天然矿泉水。主题一重点是探讨自来水厂的净化过程；主题二的重点是探究如何自制简易净水器；主题三的重点是体验天然矿泉水的妙用——自制面膜。本单元的难点是简易净水器模拟实验设计、实验验证及结果分析。根据单元学习主题、单元学习目标和学生情况分析，确定的整个单元教学要完成的具体任务及课时安排如表 5-2 所示：

表 5-2　"走进生活饮用水世界"单元规划

主题	主题一"走进自来水"（2 课时）	主题二"走进纯净水"（2 课时）	主题三"走进矿泉水"（2 课时）
真实问题情境	自来水是怎么制得的？	"纯净水纷争"你怎么看？	你对"矿泉水"知多少？
知识与技能	1. 了解各种天然水（以海洋水为重点） 2. 探究自来水厂净水过程 3. 认识节水标志与节水措施	1. 认识水资源紧缺指标 2. 正确认识纯净水 3. 设计简易净水器；净水效果比拼	1. 认识天然矿泉水 2. 体验天然矿泉水的妙用：自制面膜
核心素养	化学学科核心素养：科学探究与创新意识、科学精神与社会责任 学生发展核心素养：实践创新素养中的问题解决		

4. 设计持续性评价

单元教学中常用的持续性评价方式有评价单、课堂观察、师生访谈等。经常使用的评价单如表 5-3 所示：

表 5-3　评价单

学生小组：	组长： 组员：		
完成时间：			
教师评价	学生完成情况 □A.非常好 □B.比较好 □C.合格 □D.需要重做	组内互评	课堂活动 □A.积极参与 □B.参与 □C.合格 □D.需要重做
总评成绩			

以下是课堂活动中比较典型的图片资料：图 5-2 是学生体验自制面膜。当曼妥思糖遇到可乐会产生喷泉，那食盐遇到可乐呢？学生通过实验发现食盐遇到可乐，喷泉现象更明显，如图 5-3 所示：

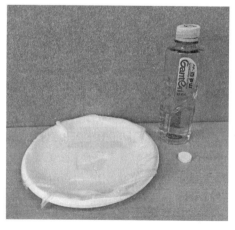

图 5-2　天然矿泉水的妙用——自制面膜

图 5-3　可乐喷泉

（三）课时教学活动的设计与实施

课时教学设计包括教学内容分析、学习者分析、学习重难点、学习评价设计、教学活动设计、板书设计、作业及拓展设计、教学反思与改进。以"走进生活饮用水世界"单元中的主题二"走进纯净水"为例，说明课时教学设计与实施，具体教学设计如表 5-4 所示：

表 5-4 "走进纯净水"教学设计

课题：走进纯净水——自制简易净水器	课型：学科实践活动课

1. 教学内容分析

　　"走进水世界" 3 个主题分别是生活中常见的 3 种饮用水：自来水、纯净水和天然矿泉水。本教学设计围绕主题二走进纯净水展开，从"纯净水纷争"这个社会性议题展开交流研讨，正确认识纯净水，自制简易净水器。

2. 学习者分析

　　学生对市场上各种饮用水的认识混乱，但对相关知识的求知欲望强烈，兴趣浓厚。学生可能在设计简易净水器上存在困难，教学中引导学生大胆设计，动手实践，及时记录问题及所思所想，引导学生认识到"问题是最好的学习资源"，比如针对第一轮简易净水器制作中存在的问题，进行改进或优化。

3. 学习目标确定

　　（1）培养学生发现问题、探究问题的意识。

　　（2）能根据资料卡片和提供的实验材料，小组合作设计并制作简易净水器。

　　（3）检验自制净水器的净水效果，优化简易净水器。

4. 学习重点与难点

　　重点：对纯净水有一个正确的认识

　　难点：阅读资料卡片，根据提供的实验材料设计简易净水器，分组进行净水效果大比拼后，反思不足再优化简易净水器

5. 学习评价设计

　　因为高一的学生实验技能比较弱，模拟实验中出现各种问题在所难免，但问题是最宝贵的学习资源。所以本次课注重过程性评价，主要考查学生的学习态度。具体来说考查学生在课堂上有没有实事求是地进行实验记录、有没有及时认真地将模拟实验中遇到的问题、所思所想记录下来，进行交流讨论。

续表

课题：走进纯净水——自制简易净水器	课型：学科实践活动课

6.实践活动设计

环节一： 用数据让学生体会认识饮用纯净水的重要性	
教师活动 1 【引入】PPT 　　动态图 "地球像一个水球"；海水、淡水等对比图；世界和主要国家的人均水量图；我国各地区人均水量分布图；我国人均水资源分布图；北京水资源情况对比图	学生活动 1 倾听、思考、感受

活动设计意图说明：

　　用数据和事实让学生体会到我们的首都北京属于极度缺水地区，激发学生的学习兴趣和内在学习动力。鉴于现状我们最关注的肯定是大家的饮水问题，分包装饮用水和家用纯净水两个维度展开探究。

环节二：正确认识纯净水	
教师活动 2 【小调查】你知道哪些种类的包装饮用水？ 【讨论】《纯净水纷争，你怎么看？》 【视频】中央电视台《生活》栏目：《纯净水给您一个说法》	学生活动 2 讨论、交流 观看、思考、形成 正确认识

活动设计意图说明：

　　2016 年前市场上包装饮用水的种类繁多（娃哈哈富氧水、康师傅矿物质水、名人碱性水、小分子团水、离子水等）。有些商家为了推销产品制造卖点，用伪科学的手段欺骗消费者，市场混乱不堪。就连我自己面对众多类水的广告也是真假难辨，对各类饮用水的认识尚浅，同样困惑于到底什么饮用水有益于我们的身体健康。通过查阅文献才知道，为了整治市场乱象，2015 年 5 月 24 日国家正式实施了包装饮用水的国家标准，明确规定把饮用水划分为饮用纯净水、天然矿泉水和其他饮用水。富氧水、碱性水、矿物质水等多种概念水从 2016 年 1 月 1 日起全面退出市场。通过康师傅饮用水包装的对比，引导学生要用发现的眼睛和睿智的心灵去探究生活中的问题才能有效地保护自己的权益，摆脱商家利用"化学盲"炒作的悲哀。

环节三： 水的净化——自制简易净水器

续表

课题：走进纯净水——自制简易净水器	课型：学科实践活动课
教师活动 3 【问题】自来水和纯净水你更倾向于使用哪一种？ 出厂的自来水一般是达标的，但在输送途中存在"二次污染"的隐患。 【问题】那怎样解决自来水"二次污染"的问题呢？ 【问题】谈谈你对家用净水器的认识 【小组合作】 设计并制作简易净水器—净水效果比拼—优化净水器—净水效果比拼—分享	学生活动 3 思考、回答 思考、交流 小组交流讨论 动手实践

活动设计意图说明：

作为高一学生的学科实践活动课，不仅要挖掘生活中与学生息息相关的真实情境问题，让学生真正体会化学的魅力，激发学生的学习兴趣和内在学习动力，还要提供实践平台，提升学生的问题解决能力和实践动手能力。

7. 板书设计

　　走进纯净水——自制简易净水器

　　1. 正确认识纯净水

　　2. 设计简易净水器

　　3. 净水效果比拼

8. 作业与拓展学习设计

　　请你运用今天所学进一步认识包装饮用水和家用净水器，看你还能发现哪些新问题？

9. 教学反思与改进

　　课堂上每个学生都能积极参与，课堂气氛很活跃。小组合作有序，能够根据发现的问题、自发地讨论、设计解决方案，改进简易净水器装置，如有小组设计出二级过滤装置。

　　后续需要改进的地方有：第一，学科实践活动课要通过好的问题激发学生不断地思考，促进学生思维的发展，要注重学生思维外显，表述设计思路，讨论方案的优缺点，进而确定科学合理的最佳方案进行验证。第二，为学生搭建适当的支架。课前给学生布置调查家用净水器的任务，了解净水器的工作原理，为简易净水器的设计做好铺垫。或者课上通过视频、图片等展示净水器的基本原理，启发学生进行设计。第三，课堂上对学生的回答要有及时并且明确的点评或鼓励。

　　本课时使用的学习任务单如表 5-5 所示：

表 5-5　学习任务单

一、正确认识纯净水

1.请通过小组调查：市场上有哪些种类的包装饮用水？

2."纯净水纷争"，你怎么看？

二、实验记录及问题记录

【资料卡片】

　　石英砂：其主要成分是二氧化硅（也是水晶、玛瑙、光纤的主要成分），用途广泛。在水处理中，机械强度高、截污能力强、使用周期长，是化学水处理的理想材料。

　　活性炭：是一种良好的固体吸附剂，主要应用于水处理、空气净化、医学领域及化工领域。处理含油污水、燃料废水、重金属废水（含汞、铬），效果较好。

【设计方案】

【实验记录】请及时详细地记录模拟实验中的问题。问题是最好的学习资源！

【净水效果比拼】

　　净水器效果比拼，实事求是地记录所思所想。

【改进方案】分析讨论实验中遇到的问题，二次改进后再实验。

【课外拓展】

　　请大家应用今天所学到的知识对市场上的包装饮用水和家用纯净水做个调查，记录你发现的问题，尤其调查一下天然矿泉水的情况。

四、课程实施效果评价及反思

　　通过总结《趣味化学》课程设计的实践探索，深入分析第一轮行动研究的主要成效及问题，针对问题提出第二轮行动研究的优化策略。

（一）第一轮行动研究总结

第一轮行动研究《趣味化学》课程以高一年级校本课程的形式开展，历经一学年（两个学期），每学期 12 个课时，共 24 课时。万事开头难，从提出问题到确定研究问题再到实践探索，笔者经历了许多困惑与挫折，但令人欣慰的是，化学学科实践活动课程设计的效果已初见端倪。第一轮行动研究总结如表 5-6 所示：

表 5-6　第一轮行动研究过程总结

阶段	步骤	具体内容
行动计划	研究问题	怎样设计化学学科实践活动课程有利于发展学生核心素养？
	分析问题	1.分析化学学科实践活动课程与学生发展核心素养的关系 2.化学教学现状分析
	制定计划	《趣味化学》课程目标的确定与课程内容的选择
行动实施与观察	实施行动方案	即教学活动的设计与实施，包括单元教学及课时教学两个层面。 （1）采用单元教学模式，包括确定单元学习主题、确定单元学习目标、整体规划单元学习主题的教学并设计单元学习活动、设计持续性评价。 （2）课时教学中采用学习任务单和评价单
	收集数据进行分析	根据单元教学活动规划与实施、课时教学设计与实施、学习任务单、评价单、课堂过程性记录（照片、成果等）、课堂观察、学生访谈等资料分析教学活动的效果
行动反思	对计划—实施—观察进行再认识	优点： 　　笔者作为一线教师敢于在实践中运用行动研究的方法，积极探索化学学科实践活动课程设计，有利于提升教师专业能力；单元教学模式有利于促进学生的深度学习，提升学生的化学学科核心素养，发展学生核心素养。 不足： 　　课程目标、教学活动、课程评价三者之间联系不紧密；课程各单元内容之间的关联度不够，而且课程内容的选择较为随意；课程内容与教材内容相关，但是不成体系，缺少知识建构，不利于学生形成知识体系；课程实施中教学方式单一；课程评价不具体

（二）《趣味化学》课程设计的反思

《趣味化学》课程设计的实践探索，主要从课程实施效果评价、主要成效及主要问题 3 个方面进行反思：

1. 课程实施效果评价

从《趣味化学》课程实施情况来看，教师与学生在不断发现和不断收获的喜悦中成长。每个学生都能积极参与到各个环节，每个主题中的趣味化学实验或趣味环节是最受学生欢迎的环节。从具体操作层面来说，学生学习《趣味化学》这门校本课程的成绩按百分制计。首先，重视过程性评价，学生对课程学习的参与度、行为表现占 30%；其次，小组合作中查找、分析、整理资料，实验方案的设计，调查问卷等的完成情况及解决问题的行为表现占40%；最后，注重终结性评价，作品展示、实验报告、主题汇报占 30%。每个课题都设置学习任务单，有老师评价和组内互评。课程终结性评价以学生开放性主题设计为主，该门校本课程的成绩计入学生的综合素质评分。

2.《趣味化学》课程实施的主要成效

通过深入分析《趣味化学》课程的实践探索，主要成效有以下几点：

（1）教师勇于通过化学学科实践活动课程设计尝试解决实践中的困惑与问题

长期的分科教学导致教师知识面窄化，学生知识学习与实践应用分离。新课程改革提倡教师积极运用先进教育教学理念解决实践问题。核心素养和STEM 教育是目前国际教育的热点。化学学科实践活动课程是化学课程与教学变革的新形态，是一个较新的研究领域。基于 STEAM 理念的化学学科实践活动课程设计是 STEAM 教育本土化的实践探索。

（2）有效地促进了学生实践创新素养的发展

《趣味化学》课程几乎每个主题中都有"趣味实验"或"趣味环节"栏目，这是最受学生欢迎的课堂环节，课堂气氛很活跃，学生参与度达到100%。课程内容及活动的设计中将学科知识、实验基本操作技能与实际生活紧密地联系起来，激发了学生学习化学的兴趣和内在动力。通过学生访谈发现，学生很喜欢《趣味化学》这门课，认为通过亲身参与这类学科实践活动，不仅学到了很多新知识，而且学会了探索新知、解决问题的思路和方法，提升了实验技能，感受到时时处处有化学，化学是非常有用的，必须学好化学等。这些都表明实现了《趣味化学》的课程目标，即落实化学核心素养中的"科学探究与创新意识""科学态度与社会责任"，发展学生核心素养中的实践创新素养。

（3）提升了教师专业能力

笔者在《趣味化学》课程设计与实施中，始终秉持理论与实践相结合的教育理念，研读了大量关于 STEAM 教育、核心素养、校本课程、深度学习、单元教学设计、教学评一体化等方面的书籍及文献，并且积极尝试将先进的课程与教学理念运用到教学实践中，寻找学生发展核心素养落地的有效路径。《趣味化学》课程实践让笔者坚定了基于 STEAM 教育理念设计与实施化学学科实践活动课程探索的信心和决心，增强了自身的课程开发能力和跨学科素养。另外，在实践中深刻地认识到，依托单元教学设计能够有效地整合化学学科核心素养和各学科知识内容，有利于帮助学生构建知识体系，能够很好地解决学生知识碎片化的问题。

3.《趣味化学》课程实施的主要问题

反思《趣味化学》课程设计的实践探索，问题主要表现在以下几个方面：

（1）课程目标、教学活动、课程评价三者之间联系不紧密

《趣味化学》课程体现课程设计的 4 个基本要素，即课程目标、课程内容、教学活动及课程评价，但课程目标、活动设计及课程评价三者之间联系不紧密。有学者指出在目标统领下思考课程的教学、学习、评价的问题，这启发我"课程目标—活动设计—课程评价一体化"应该贯穿于课程设计与实施的始终，才能实现发展学生核心素养的目标。"逆向课程设计"原理①很好地回答了如何在化学学科实践活动课程中实现"课程目标—活动设计—课程

---

① 邵朝友.指向核心素养的逆向课程设计[M].上海:华东师范大学出版社,2019:30—31.

评价一体化"。

（2）各单元内容之间的关联度不够，而且课程内容的选择较为随意

《趣味化学》课程关注学生兴趣，注重真实情境的创设，强调与学生的生活紧密结合。课程每个单元内各主题间的联系紧密，但各个单元间的关联度不大，以化学与饮料单元来看，以自制常见的两类饮料（碳酸饮料和苏打水）展开，也就是主题一"自制碳酸饮料"和主题二"自制苏打水"。学生通过自制碳酸饮料和苏打水发现，味道远不如市场上卖的。究其原因在于自制的饮料中缺乏食品添加剂和防腐剂，由此产生第三个主题"认识饮料中的添加剂和防腐剂"。这 3 个主题内容间紧密联系。从整体来看，化学与饮料、化学与饮水、化学与洗护 3 个单元间有联系，但和化学与宝石、化学与装修单元内容跨度较大。另外，由于过于注重主题内容的动态生成性，对主题及课程内容的选择较为随意，而且对化学与宝石、化学与装修两个单元的内容研究不深入。

（3）课程内容与教材内容相关，但是不成体系，并且缺少知识建构，不利于学生形成知识体系

《趣味化学》课程主要是根据学生的兴趣、意愿选择课程内容，与生活联系紧密，内容上符合高一学生的特点。教师经常会给学生说"要将知识串成线，织成网"，但在教学实践中没有给学生提供单元知识内容间的关联活动，所以学生掌握的仍是片状化的知识，新知识并没有全部融入到学生原有的认知结构。从整体来看，课程内容与现行教材内容相关，但不成体系，不利于学生构建知识体系。所以，我们在设计化学学科实践活动时，要基于真实情境问题解决，巧妙地将知识间的联系体现在实践活动中，也就是说通过活动联结知识，不仅有助于学生构建知识体系，而且有利于知识的迁移运用。

（4）教学方式单一，课程评价不具体

《趣味化学》课程的实施积极尝试运用深度学习理念下的单元教学模式，有利于学生了解本单元各主题间的内容。但 STEAM 教育提倡的 5E 教学、项目式教学、基于问题的教学、基于工程的教学等在这门课程中都没有体现。教学中采用了学习任务单，有助于学生的有效学习。课程实施的过程中学习

了"学历案"，它是对实践中的学习任务单、学案、导学案等的总结与提升，能够促进学生的深度学习，这值得我们在化学学科实践活动课程实施中运用。另外，《趣味化学》课程的评价单设置在学习任务单中，有教师评价和组内评价，但缺乏具体可行的评价量规和评价量表。

（三）第二轮行动研究的优化措施

反思第一轮行动研究《趣味化学》课程的设计与实施，出现的问题主要表现在3个方面：首先，课程目标、教学活动、课程评价三者之间联系不紧密。其次关于课程内容具体有以下问题：课程内容与教材内容相关，但各单元之间内容的关联度不够，不成体系；课程内容缺少知识建构，不利于学生形成知识体系；课程内容的选择较为随意。最后，课程实施中教学方式单一，而且课程评价不具体，缺乏可操作性。笔者认为产生上述问题的根本原因有两点：首先，对STEAM教育理念的认识不够深入；其次，缺乏将STEAM教育理念融入化学学科实践活动课程设计的必要性分析。我们必须深入分析这两个问题，才能将STEAM教育理念真正融入到化学学科实践活动课程设计中。

基于以上分析，确定第二轮行动研究的核心问题是：怎样设计基于STEAM教育理念的化学学科实践活动课程有利于提升学生的核心素养？这个问题的关键是怎样使STEAM教育理念真正地融入化学学科实践活动课程设计中。第二轮行动研究中化学学科实践活动课程设计的实践探索，从以下4个方面入手解决：第一，要真正把握STEAM教育理念的实质；第二，要深入分析STEAM教育理念融入化学学科实践活动课程的必要性；第三，优化化学学科实践活动课程设计模式；第四，针对第一轮行动研究《趣味化学》课程设计中的课程目标、课程内容的选择与组织、教学活动设计与实施、课程评价方面的问题，在第二轮行动研究中提出具体的改进或优化策略。

针对第一轮行动研究《趣味化学》课程设计的实践探索中遇到的问题，第二轮行动研究中拟采用的优化措施如表5-7所示：

表 5–7　第二轮行动研究《知水善用》课程设计的优化策略

第一轮行动研究中的问题	第二轮行动研究中的改进或优化措施
课程目标、教学活动、课程评价三者之间联系不紧密"的问题	采用逆向课程设计原理，实现"课程目标—教学活动—课程评价"一体化
课程内容： （1）课程内容的选择较为随意的问题 （2）针对各单元内容间的关联度不够，不成体系的问题 （3）针对课程内容缺少知识建构，不利于学生形成知识体系的问题	根据问题提出以下相应的优化措施： （1）提出从课标、教材、高考试题、科技丛书中选择课程内容。 （2）提出基于大概念组织课程内容。 （3）注重引导学生使用知识可视化工具自主构建动态的可迁移应用的知识体系。
课程实施：课程实施中教学方式单一的问题；单元教学中采用学习任务单	具体采用以下优化措施： （1）根据不同的课程内容选择合适的教学方式，如 5E 教学、项目式教学、基于问题解决的教学。 （2）积极运用学习金字塔中的主动学习形式，如利用信息技术制作"自编自讲"的微课进行交流展示。 （3）课堂教学中采用学历案，它是学习任务单的总结与提升。
课程评价：评价方式不具体的问题	具体采用以下措施： （1）注重表现性评价，具体采用学习档案袋。 （2）针对不同的实践活动设计具体可行的评价量规。 （3）采用自评—他评—师评的多元评价方式。

第二节　《知水善用》课程设计的实践探索

课程设计常见的 3 种模式分别是目标模式、过程模式和情境模式。第一轮行动研究《趣味化学》课程设计采用的是泰勒的目标课程设计模式，其间学习了斯基尔贝克的情境分析课程设计模式，它涵盖了目标模式和过程模式的实质，认为学校本位的课程设计与实施是促进学校发展的最有效策略。情境分析模式有 5 项主要构成要素：第一项是分析情境；第二项是拟定目标，目标包括教师和学生的行动，其方式包含可预测的学生学习与可预期的学习结果；第三项，设计教与学的课程方案，其构成要素包括：设计教学活动、教学工具和材料、教学环境的设计等；第四项，实施课程方案，主要是指教学活动的设计与实施；第五项，评估与评价。①借鉴情境分析课程设计模式初步构建的基于 STEAM 教育理念的化学学科实践活动课程设计模式如图5-4所示：

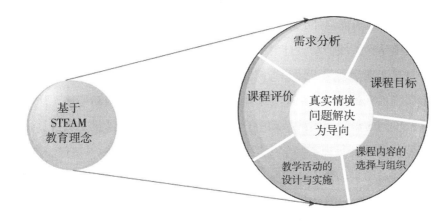

图 5-4　基于 STEAM 教育理念的化学学科实践活动课程设计模式

以真实情境问题解决为导向，将 STEAM 教育理念融入化学学科实践活动课程设计的需求分析、课程目标、课程内容的选择与组织、教学活动的设计与实施、课程评价 5 个要素中。具体来说，需求分析主要指课程开发现状及可行性分析。课程目标指向提升学生的化学学科核心素养，发展学生的核心素养。课程内容部分，一方面从多种渠道精选课程内容，依据大概念组织课程内容；另一方面分析真实情境问题解决中 STEAM 教育的 5 个基本要素，即

---

① 黄光雄、蔡清田.核心素养：课程发展与设计新论［M］.上海：华东师范大学出版社,2019：131—137.

科学 Science、技术 Technology、工程 Engineering、人文 Arts、数学 Maths。教学活动的设计主要指设计教学活动、创设教学环境、准备教学工具和材料等，教学活动实施运用学历案、课堂观察、实物分析等方式，记录、收集教学活动实施的相关数据。课程评价强调过程性评价和结果性评价相结合。

基于 STEAM 教育理念的化学学科实践活动课程要实现课程目标—活动设计—课程评价的一致性，就是说课程评价是依据课程目标设定的，服务于课程目标中学生化学学科核心素养和学生发展核心素养的提升。在化学学科实践活动的设计与组织上，要依据学生发展核心素养和化学学科核心素养培养的要求，系统地考虑为什么教，教什么，怎么教。

在化学学科实践活动设计时，一是要明确单元学习目标，用单元学习目标指导学科实践活动的设计和组织。二是要依据学习目标制定相应的评价目标，即明确预期的学习成果。为学生提供适宜的学科实践活动环境，让学生在真实情境问题解决或实践活动中自然地呈现学习情况和结果。通过具体可行的实践活动评价量规了解学生学到了什么、能做什么、做得如何。考察、评估学生学习结果和预期的目标还存在哪些差距，并通过及时有针对性的讲评，调整教学，争取能最大程度地落实学生核心素养的目标。

为了解决第一轮行动研究《趣味化学》课程设计中出现的问题，本轮行动研究根据初步构建的"基于 STEAM 教育理念的化学学科实践活动课程设计模式"展开《知水善用》课程设计的实践探索。

一、课程目标的确定

为确定基于 STEAM 教育理念的化学学科实践活动课程的目标，首先要挖掘 STEAM 教育理念的实质，其次进行基于 STEAM 教育理念设计化学学科实践活动课程的必要性分析，最后进行需求分析，在此基础上确定切实可行的课程目标。

1. 挖掘 STEAM 教育理念的实质

STEAM 教育的缘起已说明，它是要打破分科思维的限制，解决实际问题。STEAM 教育理念的精髓有以下几点：基于真实情境的问题解决；核心是跨学科或学科融合；实现学科整合的重要方式是科学探究或工程；特点是跨学科性、情境性、实践性和人文性；STEAM 教育是发展学生核心素养的重要策略；项目式教学、5E 教学、基于问题的教学、活动教学是常见的教学方式。STEAM 教育实质上是一种综合多元的思维方式，运用跨学科理念在解决真实情境问题的过程中，掌握相关的学科知识和方法，提升学生的实践创新能力、问题解决能力、合作能力等。

2. 基于 STEAM 教育理念设计化学学科实践活动课程的必要性分析

在教育领域经历了 STS 教育、STSE 教育、STEM 教育、STEAM 教育的发展演变，这同样也体现在化学课程标准中。我国 2001 年的义务教育化学课程标准中首次明确提出 STS 教育。《普通高中化学课程标准》多次提出 STSE 教育、跨学科理念及真实情境问题解决。STEAM 教育是 STEM 教育的延伸概念，它们的实质就是跨学科解决真实情境问题。

从化学学科本质、化学新课程标准、化学新教材、新高考评价体系及高考化学试题分析、学生发展核心素养 5 个方面进行分析，发现基于 STEAM 教育理念的化学学科实践活动课程，不仅与高中化学新课标、新教材、新高考的理念非常契合，更重要的是弥补了高中化学长期分科教学带来的弊端，是发展学生核心素养的重要途径。

3. 需求分析

义务教育课程标准中明确要求各学科 10% 的课时进行学科实践活动探究，但化学学科较为特殊，九年级（即初三）开设一年，而初三是毕业年级涉及学生中考，教学任务重、教学时间紧张这些客观原因导致教师没有充足的时间和精力开展学科实践活动的探究。初一、初二的学生没有化学知识基础，必然会影响具有综合性的化学学科实践活动课程的设计与实施。目前在初中落实具有综合性的化学学科实践活动课程存在一定困难。

普通高中课程方案中提出的综合实践活动课程是国家必修课程，其中包括学科实践活动课程。化学学科实践活动课程符合化学新课标、化学新教材以及新高考评价体系的要求，是化学课程与教学改革的新形态。本研究针对普通高中学生设计基于 STEAM 教育理念的化学学科实践活动课程，高一、高二的学生可以校本课程的形式开展此课程。本研究的案例学校是完全中学，通过 SWOT 分析各方面条件允许在高一年级作为校本课程，开展基于 STEAM 教育理念的化学学科实践活动课程设计的实践探索。

4. 课程目标的确定

基于以上分析，《知水善用》课程以基于 STEAM 教育理念的化学学科实践活动为载体，旨在提升学生的化学学科核心素养，发展学生的实践创新素养。通过真实情境问题解决，重在落实学生发展核心素养框架的实践创新素养中问题解决这个基本点，同时问题解决离不开劳动意识中的社会实践和动手操作，也离不开技术应用中的技术支撑和不断改进优化的工程思维。科学探究和实验是基本的化学学科实践活动形式，只有在"探究—验证—反思"不断的迭代优化中，学生才能获得对客观物质世界的正确认识，这恰恰是 STEAM 教育中提倡的"工程思维"。

化学学科实践活动课程要实现课程目标—活动设计—课程评价的一致性，就是说课程评价是依据课程目标设定的。《知水善用》课程围绕水的开发利用设计了 5 个课程案例，每个课例融合了若干课时的内容，故每个课程案例的目标与我们熟悉的单元学习目标相一致，同样服务于课程目标中学生化学学科核心素养和学生核心素养的提升。

《知水善用》课程确立以真实情境问题解决为明线，以落实学生化学学科核心素养、发展学生实践创新素养为暗线的课程目标。选取实践创新素养中的"问题解决"作为基于 STEAM 理念的化学学科实践活动课程设计的依据和落脚点，原因有 3 个：第一，学生实践创新素养亟待提升。基础教育课程改革在过去的 20 年里取得了巨大进步，但目前来看我国在培养学生实践创新能力方面整体效果欠佳，这是我们必须正视的问题。第二，问题解决（相关表述还有问题解决能力、问题解决技能、解决复杂问题等）是绝大多数国家都强调的学生核心素养。我国《普通高中化学课程标准》中有 13 处涉及问题解决。第三，基于真实情境的问题解决是学生普遍的难点和弱点。STEAM 教育的实质就是运用综合多元的思维方式解决真实情境问题。《知水善用》课程试图以中学化学中基于真实情境的问题为载体，通过设计与实施基于 STEAM 教育理念的化学学科实践活动课程，提升学生的化学学科核心素养，发展学生的实践创新素养。

二、课程内容的选择与组织

（一）课程内容的选择

一般来说，课程内容的选择有 3 种取向，即社会生活经验取向、学科取向和学习者取向。每种课程取向都有其合理内核，但也有其缺陷。所以，我们在选择化学学科实践活动课程内容时要辩证地处理好三者的关系，要同时兼顾学科体系、社会生活与学习活动、学生经验，选择相适宜的课程资源。本轮行动研究围绕跨学科主题"水"，设计《知水善用》课程，下面从社会生活经验、学科和学习者 3 个视角进行分析：

1. 社会生活视角

从社会生活视角来看，自古以来，人们逐水而居、择水而栖，定国立城非于大山之下，必于广川之上。水是生命的源泉，生命因水生生不息。水是文明的摇篮，文明因水源远流长。水的种类很多，其中海洋总面积约占地表总面积的 71%。蓝色的海洋中蕴藏着丰富的资源。海洋资源及含量如表 5–8 所示：

表 5–8　海洋资源及含量

资源	含　量
水资源	水 13 亿亿吨，约占地球上总水量的 97%
化学资源	含有 80 多种元素，可提取的氯化钠有 4×10^6 亿吨、镁有 1800 亿吨、钾有 500 万亿吨、溴约有 90 万亿吨、锰结核 3 万亿吨
矿产资源	石油、天然气、煤、可燃冰、砂和砾石等矿物含量约 500 亿吨
生物资源	供人类食用及生物制药的生物达 20 多万种。可供人类使用的鱼虾贝类捕捞量为 6 亿吨 / 年，现在捕捞量为 9000 万吨 / 年

续表

资源	含 量
能源资源	海底石油约 1350 亿吨，天然气约 140 万亿立方米，约占全球油气总量的 45%，核能源约 40—50 亿吨。海水运动中也蕴藏着巨大能量，包括潮汐能资源（约 27 亿千瓦）、波浪能资源（约 700 亿千瓦）、海流能资源、温差和盐差能资源、海上水能资源，它们都属于可再生能源，而且没有污染
空间资源	可利用空间包括海上、海中、海底 3 个部分
其他资源	可以提取用于核能开发的两种重要原料：铀和重水。海水中含有 200 万亿吨重水，其中所含的氘是核聚变的宝贵原料，核聚变能是被广泛看好的 21 世纪全球电力的一个重要来源

随着陆地资源日渐枯竭，开发利用海洋资源成为解决当前人口膨胀、环境恶化、能源短缺等一系列难题的重要途径。海洋中含有化学元素周期表中的 80 多种元素，其中 70 多种可供提取，因此，海水被誉为"液体矿山"。海洋中化学资源的开发利用通常与化工生产相结合，提高综合效益。中学化学教材中与海水有关的化工生产如图 5-5 所示：

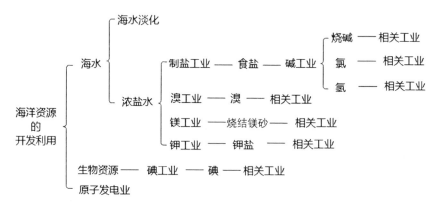

图 5-5 部分海水资源开发工艺图

2. 学科视角

从学科视角来看，纵观我国化学课程标准内容和教材，"水"是必不可少的内容。"水"承载着中学化学教材中很多基本概念、重要原理及核心知识。

（1）人教版初中化学教材中与"水"相关的内容

人教版初中化学教材，上册和下册共 12 个单元。其中上册第四单元"自然界的水"，是以水为主题的；下册第九单元"溶液"中的基本概念和基本原理的学习，离不开"水"的支撑。与"水"相关的具体内容如表 5-9 所示：

表 5-9　初中化学教材中与"水"相关的内容

单元及主题	课题	相关内容
第四单元　自然界的水	爱护水资源	水资源状况、爱护水资源（节约用水、水体污染及治理）
	水的净化	自来水厂净水过程（沉淀、过滤、吸附、蒸馏）、软水、硬水
	水的组成	水的物理性质、电解、水分子分解、氢气在空气中燃烧
第九单元　溶液	溶液的形成	溶液、饱和溶液、溶质的质量分数、溶液的配制与计算、酸碱中和反应及其应用、溶液酸碱度

（2）高中化学教材中与"水"相关的内容

目前通过中小学教材委员会审定的化学新教材（新课标版）有 3 个版本，分别是人教版、鲁科版和苏教版，每个版本的教材各具特色，但包含的主要内容大致相同。以鲁科版普通高中化学教材为例，梳理与"水"相关的内容如表 5-10 所示：

表 5-10　鲁科版高中化学教材中与"水"相关的内容

教材	章及主题	节及主题	相关内容
必修 1	第一章 认识化学科学	第三节 化学中常用的物理量	水与水的微观构成示意图；物质的量浓度
	第二章 元素与物质的世界	第二节 电解质的电离与离子反应	离子反应发生的条件及离子方程式

续表

教材	章及主题	节及主题	相关内容
必修 2	第一章　原子结构元素周期律	微项目：海带提碘和海水提溴——体验元素性质递变规律的实际应用	海带提碘活动、海水提溴工艺、复杂系统中物质的分离与提纯、元素周期表及元素周期律
选择性必修 1《化学反应原理》	第一章　化学反应与能量转化	第一节　化学反应的反应热	中和反应的反应热、热化学方程式
		第二节　化学能转化为电能——电池	学生必做实验：制作简单的氢氧燃料电池
		第三节　电能转化为化学能——电解	工业上电解饱和食盐水制备烧碱
	第二章　化学反应的方向、限度与速率	第三节　化学反应速率	以氢气与氧气反应生成水的反应学习基元反应的概念
	第三章　物质在水溶液中的行为	第一节　水与水溶液	水的电离及电离平衡、水的离子积、电解质在水溶液中的存在形态、水溶液的酸碱性与 PH
		第二节　弱电解质的电离与盐类水解	弱电解质的电离平衡、盐类水解原理、酸碱中和滴定
		第三节　沉淀溶解平衡	沉淀溶解平衡与溶度积、沉淀溶解平衡的应用
		第四节　离子反应	离子反应发生的条件及应用
选择性必修 2《物质结构与性质》	第二章　微粒间相互作用与物质性质	第四节　分子间作用力	氢键与物质性质
	第三章　简单的有机化合物	第三节　饮食中的有机化合物	乙醇和乙酸
		微项目：自制米酒——领略我国传统酿造工艺的魅力	乙醇的性质、乙醇—乙酸—酯的转化
选择性必修 3《有机化学基础》	第一章　有机化合物的结构与性质 烃	第二节有机化合物的结构与性质	烃及烃的衍生物

从以上可以看出，从整体来看，中学化学教材中与"水"密切相关的知识内容主要有以下几类：化学用语和化学常用计量、化学实验（包括物质的制备、分离与提纯、鉴别、实验设计和综合实验）、化学计算（包括化学方程式的相关计算、混合物的计算、有关气体的计算）等，这些涵盖了化学学科的必备知识和关键技能。

3. 学习者视角

从学习者视角来看，化学、生物、地理、物理、语文等学科中都有专门的章节研究"水"，所以学生会从不同的学科视角学习"水"。但是教师和学生关注的主要是教材中"水"的相关知识，而对水的分类及其广泛的用途知之甚少。就以生活饮用水为例，除自来水、纯净水、矿泉水外，还有很多包装饮用水。学生对各类水的认识很浅，就连自己面对众多饮用水的广告也是真假难辨，也困惑于到底哪类水有益于身体健康。需要引导学生用发现的眼睛和科学探究的方式去解决生活中的问题才能摆脱商家利用"化学盲"炒作的悲哀，有效地保护自己的权益。有效地开发利用海洋中宝贵的化学资源，不仅其经济、环境、社会效益显著，同时又能缓解人口、资源和环境的危机，是化工工业发展的主阵地，这些无疑是非常好的跨学科素材。综上所述，"水"是实现跨学科研究的重要主题。

（二）课程内容的组织

1.《知水善用》课程内容

我们可以从化学课程标准、综合实践活动课程标准、化学教材、化学高考试题等多个视角精选课程内容，提炼大概念，将大概念的构建贯穿于真实情境问题解决的实践活动中。将实践活动、课程标准及教材知识的学习内容融为一体，帮助学生理解、掌握化学核心知识，培养学生的实践创新素养。

《知水善用》课程包括 5 个项目："开启我的纯净水探索之旅""自制84 消毒液""一封密信""海水提溴""自制黄酒"，以海洋中的化学资源开发与利用为主要内容。每个项目都涉及化学学科核心素养中的若干项，通过真实情境问题解决落实学生实践创新素养。课程内容及活动框架如表5-11

所示：

表 5-11　《知水善用》课程内容

项目	情境线	任务线	活动线	核心素养线
开启我的纯净水探索之旅（6课时）	社会性议题"纯净水纷争"	核心挑战任务：开启我的纯净水探索之旅，"给纯净水一个说法"		宏观辨识与微观探析；变化观念与平衡思想；证据推理与模型认知；科学探究与创新意识；科学精神与社会责任
		任务一：论证纯净水是否有益于身体健康？	活动1："数"说水资源，认识水与人类的关系　活动2：认识自来水的"二次污染"　活动3：用"数"给纯净水一个说法	
		任务二：怎样获取纯净水？	活动1：家用净水器的市场调研　活动2：探究家用净水器的工作原理　活动3：家用净水器净水系统的模拟实验　活动4：探究反渗透净水原理并制作反渗透净水模拟装置	
		任务三：认识纯净水	活动1：认识硬水、软水、蒸馏水　活动2：探究纯净水和蒸馏水的区别　活动3：体验蒸馏水的妙用——建神奇的"水中花园"	
		任务四：展示与交流	活动1：构建知识网络　活动2：制作微课并交流展示	

续表

项目	情境线	任务线		活动线	核心素养线
以海水为原料自制84消毒液（6课时）	新冠疫情初期84消毒液紧俏，如何自制84消毒液？	核心挑战任务： 在实验室，如何以海水为原料自制84消毒液？			宏观辨识与微观探析；变化观念与平衡思想；证据推理与模型认知；科学探究与创新意识；科学精神与社会责任
		任务一：制取纯净的氯化钠	活动1：海水晒盐 活动2：粗盐提纯	
		任务二：探究氯化钠的微观结构	活动1：认识氯化钠的性质和用途 活动2：搭建氯化钠晶体的微观模型	
		任务三：自制84消毒液	活动1：解读84消毒液的使用说明 活动2：自制84消毒液并验证 活动3：制作微课，交流展示	
一封密信（4课时）	方志敏同志在狱中怎么写密信的？如何写一封"密信"？	核心挑战任务：如何在实验室利用海洋生物资源写一封"密信"？			宏观辨识与微观探析；变化观念与平衡思想；科学探究与创新意识；科学精神与社会责任
		任务一：海带提碘	活动1：如何将碘离子转化为碘单质？ 活动2：如何检验碘单质的存在？	
		任务二：写密信	活动1：将碘单质从四氯化碳溶液中提取出来 活动2：归纳复杂体系中物质分离提纯的基本思路	
		任务三：展示密信	活动：制作微课并展示交流	

续表

项目	情境线	任务线	活动线	核心素养线
海水提溴 (4课时)	溴被称为"海洋元素",如何从海水中提溴?	**核心挑战任务:如何从海水中提取溴单质?**		宏观辨识与微观探析;变化观念与平衡思想;证据推理与模型认知;科学探究与创新意识;科学精神与社会责任
		任务一:探究实验室的海水提溴方案	活动1:设计实验室海水提溴的方案 活动2:修正、优化实验室提溴方案	
		任务二:评析海水提溴工艺	活动1:认识空气吹出法海水提溴工艺 活动2:梳理"工业上从资源到产品"的基本认识角度和一般思路	
		任务三:交流展示	活动:制作微课,分享对元素周期律(表)在物质分离和提纯中的应用价值	
自酿黄酒 (4课时)	黄酒被誉为"中华国粹",一起探究黄酒的酿造	**核心挑战任务:如何自酿黄酒?**		宏观辨识与微观探析;变化观念与平衡思想;科学探究与创新意识;科学精神与社会责任
		任务一:探究黄酒酿造工艺	活动1:黄酒酿造工艺的调研 活动2:黄酒调研的交流与分享	
		任务二:自制黄酒	活动1:设计黄酒酿制方案 活动2:自制黄酒	
		任务三:总结	活动:制作微课,交流与展示	

2.《知水善用》课程内容的 STEAM 要素分析

STEAM 教育实质上体现了一种综合多元的思维方式,具体体现在内容综合和形式综合两方面。从内容上来看,STEAM 中科学、技术、工程、人文和数学知识是解决实际问题的基础,科学探究和工程设计是实现整合的主要方式，技术是手段，人文是灵魂，辅以数学工具解决问题。从形式上看，STEAM 教育有利于学生掌握知识、提升能力、培养情感态度价值观。《知水善用》课程中的 STEAM 要素分析如表 5-12 所示：

表 5-12　《知水善用》课程的 STEAM 要素分析

项目	科学（S）	技术（T）	工程（E）	人文（A）	数学（M）
知识层面	学习课标要求掌握的必备知识，涉及物质的分离与提纯、物质的变化、物质的结构与性质、元素周期律、化学反应、水溶液中的离子平衡等	体验常见的化学学科实践活动；掌握基本实验技能；了解一定的信息技术，如微课的制作、智慧教室等	家用净水器工艺、制盐工艺、氯碱工业、海水提溴工艺、黄酒酿造工艺	认识化学资源开发中的人文知识；体会化学与生活、化学与社会的关系；认识酒文化	认识化学计算的一般思路与方法，如浓度间的换算、晶体结构、电子转移等
能力层面	整合多学科知识或化学学科内知识解决真实情境问题。横向涉及化学、生物、物理、信息技术等学科知识；纵向整合学科内知识，涉及初三化学与高中化学必修、选择性必修的相关知识。	能够利用信息技术进行科学知识的学习和应用；能够运用文字、图片、视频、动画、模型、知识建模、思维导图、工艺流程图等进行信息搜集、处理、总结等	认识科学探究、工程实践与问题解决的一般思路；培养迭代优化的工程思维；尝试融合学科间、学科内知识解决实际问题；	能对与化学有关的社会热点问题（如"纯净水纷争"等），作出正确的价值判断；能积极参与化学学科实践活动	能够利用数据、图表、化学语言、知识可视化等工具解决实践活动中涉及的定量计算、物质结构及其他数学问题
情感、态度、价值观层面	树立尊重自然、崇尚科学的态度，形成辩证统一的世界观	体验技术在化学学科实践活动中的促进作用。形成不断学习并掌握新技术的习惯	乐于探索，体验实践创新的价值，感悟创造的成就感与喜悦感	体会化学是自然学科的中心学科，感悟学习化学的价值、意义与方法	养成定性与定量相结合、宏观与微观相结合的思维习惯

　　教师要挖掘生活中与学生息息相关的真实问题或真实情境，引导学生通过科学探究、实验等实践活动，真正体会化学的魅力，激发学生的学习兴趣和内在学习动力，落实化学学科核心素养，发展学生核心素养。

三、教学活动的设计与实施

　　基于 STEAM 理念的化学学科实践活动课程，常见的教学方式有项目式教学、5E 教学、基于问题解决的教学、基于工程设计的教学、活动教学等。下面以"开启我的纯净水探索之旅""自制 84 消毒液""一封密信"3 个项目为例，分别阐释如何运用 5E 教学、项目式教学、基于问题解决的教学设计与实施化学学科实践活动。

（一）5E 教学案例"开启我的纯净水探索之旅"的设计与实施

1. 项目背景

　　水是生命的源泉。然而人类可用的淡水资源紧缺，再加上人类水污染加剧，使得人们更加关注生活饮用水的质量，纯净水自然成为大家关注的对象。为了保证饮水安全，大部分家庭选用家用净水器将自来水再次净化得到纯净水，但与此同时引发了一个社会性议题"纯净水纷争"。

2. 项目目标

　　面对"纯净水纷争"这个实际问题，我们要用科学的思维方式辩证地分析问题，制定合理的解决方案开展关于纯净水的实践探究，以做出正确的选择和决定。通过解决这个实际问题重在落实学生发展核心素养框架实践创新素养中问题解决这个基本点，同时问题解决离不开劳动意识中的社会实践和动手操作，也离不开技术支撑和迭代优化的工程思维。

　　"开启我的纯净水探索之旅"项目的主要任务是通过科学探究和实践探索，利用信息技术制作一份关于"开启我的纯净水探索之旅"的微课。对这个项目的探究有利于提升学生化学学科核心素养中的科学探究与创新意识、宏观辨识与微观探析、证据推理与模型认知、科学态度与社会责任。

对课程案例的实施采用基于科学探究的 5E 教学模式，具体活动目标如下：

（1）学生能够从多个方面论证纯净水有益于身体健康

（2）学生能够区分纯净水、蒸馏水、硬水、软水、自来水、天然水等概念

（3）学生能够使用蒸馏水配制一定物质的量浓度的硅酸钠溶液

（4）学生能够科学合理地设计出"水中花园"的实验方案，在实践中体验化学的魅力

（5）学生能够将自来水厂净水原理迁移应用到家用净水器的设计上，认识过滤、膜技术、渗透与反渗透间的关系，能够结合生产生活中的实际应用概括出过滤模型

（6）学生能够通过家用净水器的市场调研、查阅资料等方式，理解家用净水器的净水原理与技术，设计净水系统的模拟实验，动手实验并检验净水效果

3. 项目内容

国内有学者提出基于知识建模的内容分析法[①]，既有助于学习内容序列化，又有助于学习活动设计。通过绘制知识建模图（也称知识网络图），能让我们清楚地知道知识点之间的联系，据此设计学习活动，有助于学生构建知识网络。

面对"纯净水纷争"这个实际问题，以"纯净水"为切入口可以将生活中常见的各种水整合起来，引导学生探究生活中"水"的全貌。开启我们的纯净水探索之旅，探究的内容主要与化学学科有关，同时也涉及生物、物理学科及信息技术的知识。"开启我的纯净水探索之旅"的知识建模如图 5-6 所示：

---

① 杨开城.以学习活动为中心的教学设计实训指南[M].1 版.北京:电子工业出版社,2016:53—61.

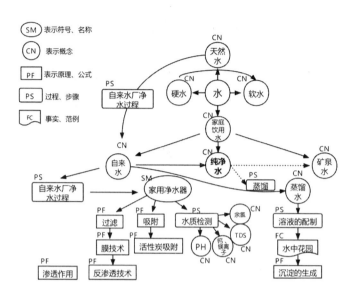

图 5-6 "开启我的纯净水探索之旅"项目的知识建模图

4. 教学活动设计与实施

基于科学探究的 5E 教学模式，包括参与、探究、解释、精致、评价 5 个环节。以"开启我的纯净水探索之旅"项目为例，浅析 5E 教学模式在化学学科实践活动课程中的应用。

【参与】环节

参与环节，又称为"引入"，是学生对真实问题情境的初体验环节。这个环节中，教师以问题为导向，将课程内容置于有意义的活动或真实生活情境中，激发学生的学习兴趣和内在的探究动力。同时，这个环节要明确学习的主题和探究的方向，要求探究主题与学生已有的知识经验相联系。

请同学们观看中央电视台《生活》栏目"纯净水给您一个说法"节目的视频，引入社会性议题"纯净水纷争"。故事是这样发生的：1997 年，一对高学历夫妇为了孩子的健康饮水，从他们儿子出生的那天起，他们家就开始使用纯净水。孩子 3 岁时，经医生诊断他们儿子得了软骨病，智商不发育，多方寻医未果。一专家认为："这一切都是纯净水惹的祸！"一时间，网上类似的报道层出不穷，由此引发了"纯净水纷争"：一方认为纯净水由于缺乏矿物质和微量元素，不利于身体健康；另一方认为纯净水不但无害，而且有益于健康。

请同学们观看节目视频，以小组为单位进行头脑风暴，并且填写"开启我的纯净水探索之旅"的 KWL 表，如表 5-13 所示：

表 5-13　"开启我的纯净水探索之旅" KWL 表

Topic: Start my journey of purified water exploration

K（What do we KNOW about this already?)	W（What do we WANT to know about this?)	What did we LEARN about this?)

通过梳理学生的 KWL 表，一方面帮助我们了解学情，另一方面帮助我们了解到学生关于纯净水想要知道的"What"，即明确了这个项目的探究任务。引导学生以小组为单位，在科学探究的基础上，设计并制作关于"开启我的纯净水探索之旅"的微课，与大家交流分享项目成果。

【探究与解释】环节

探究就是问题解决过程，是 5E 教学模式的核心环节。学生是探究活动的主体，需要引导学生敢于提出问题，采取自主、合作探究的方式参与，通过查阅资料、实验、科学探究、调查研究、交流讨论等形式解决问题。解释是新概念、新知识的生成环节，即学生揭示探究的结果及意义，教师通过视频、多媒体演示、交流讨论等方式对探究结论进行解释或补充，强调学科之间的整合，引导学生运用 STEAM 这种综合多元的思维方式解决问题。

5E 教学模式中，各环节并不是严格按照顺序进行，而是依具体情况灵活使用。如果探究性任务单一，可按引入、探究、解释、精致、评价的顺序展开。如果在真实情境问题解决中，涉及探究的任务较多，这时可按照任务展开，并且探索与解释环节紧密联系。

经过交流讨论 KWL 表中的内容，"开启我的纯净水探索之旅"项目的主要内容包括 3 个方面：首先，明确纯净水是否有益于身体健康？主要目的是论证纯净水有益于身体健康；其次，怎样获取纯净水？主要目的是认识家用净水器的原理、模拟净水器核心部件的工作原理、设计家用净水器。最后，如何区分纯净水和生活中常见的水？主要目的是对纯净水及生活中常见的水有一个较为全面、科学的认识。

探究任务一：纯净水是否有益于身体健康？

活动 1："数"说水资源现状，认识水资源与人类的关系。学生通过阅读资料卡片中关于水资源的各类图、表，思考水资源与人类的关系是怎样的。根据客观数据，引导学生认识到重塑人水关系就是重塑人与自然和谐的关系，事关中华民族伟大复兴和永续发展。

活动 2：认识自来水的"二次污染"

通过客观数据，学生认识到人类可利用的淡水资源非常少，那我们最关注的自然是家庭饮用水。请学生观看自来水厂净水视频，并结合人教版化学教材九年级上册第四单元课题 2"水的净化"中自来水厂净水过程示意图（图 5-7），探究自来水厂的净水过程示意图中各步骤的主要作用。

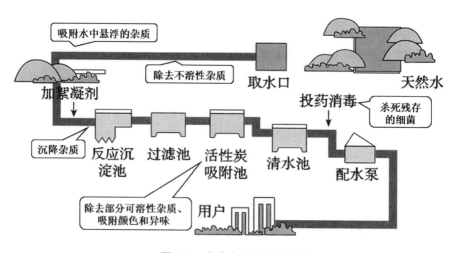

图 5-7　自来水厂净水过程图

这张图不仅凸显出净水工艺的基本思路与方法，也承接了初高中物质分离与提纯中的核心知识及价值。教师引导学生，提出新问题进行更深一步地探究。从上图看，自来水厂净化的水通过水泵运输到了用户家中，继续追问学生，自来水烧开后就安全吗？学生通过查阅资料认识到，虽然自来水厂生产的自来水一般是符合国家饮用水卫生标准的，但是出厂的自来水需要经过输送管道进入千家万户。由于中国一些城市自来水管道老化、管线网络复杂、水源污染、各地自来水厂工艺设备处理效果参差不齐等多种原因，都会导致自来水管道中有污垢、铁锈、细菌、病毒等物质，这种污染被称为"二次污染"。

自来水中可能存在肉眼看不到的各种杂质，我们在饮水时希望去除泥沙、红虫、铁锈、余氯、细菌微生物、异色、异味、水垢、重金属离子、有机化合物等物质。学生通过交流研讨，认识到为解决这些问题，使用家用净水器是必要的。家用净水器将自来水再次净化得到纯净水，解决了自来水"二次污染"等问题，但与此同时也引起了大家困惑的"纯净水纷争"。

活动 3：用"数"给纯净水一个说法

请学生观看中央电视台《生活》栏目"纯净水给您一个说法"视频中专家访谈部分，交流研讨"纯净水纷争"的关键点在哪里？通过交流研讨学生认识到，纯净水纷争的焦点在于微量元素和矿物质元素，如钙、镁、钾、钠等。专家指出"纯净水主要是给我们提供水，人体所需的微量元素和矿物质主要是通过食物获取，而不是通过水来获取"。为学生提供天然矿泉水和某品牌奶粉中营养成分表，请学生分组设计方案，为专家的观点提供数据支持。通过小组讨论得知，大约 17 瓶净含量为 330mL 的某天然矿泉水中所含的钙含量与某品牌 100mL 牛奶中所含的钙含量相当。

由以上探究，学生得出结论：（1）无论我们生活在哪座城市，水质都有不同程度的污染。（2）如果能够确保自己家的自来水没有受到二次污染，那么自来水可能是很好的饮用水。如果我们居住所在区域的水质较差，或者入户自来水可能存在二次污染，就有必要使用家用净水器改善水质了。民以食为天，食以水为先，水以净为本，故饮用纯净水有利于身体健康。那纯净水是如何制得的呢？

探究任务二：怎样获取纯净水？

通过上面的探索，我们知道家庭饮用的纯净水是通过家用净水器将自来水再次净化得到的，那家用净水器的工作原理是怎样的？我们如何设计一款自己期望的家用净水器呢？通过讨论，我们知道要设计一款家用净水器，首先要对净水器市场有一个全面、清晰的认识，其次我们要理解净水器的工作原理。

活动 1：家用净水器的市场调研

为了探究家用净水器的工作原理，除查阅相关资料外，也有必要对家用净水器进行市场调研。请学生以小组合作的方式，参考"家用净水器市场调研的方法导引"和"家用净水器市场调研表"展开家用净水器的市场调研。为学生提供必要的学习支架，有助于学生有效地进行家用净水器的市场调研，如图 5-8：

【交流分享】

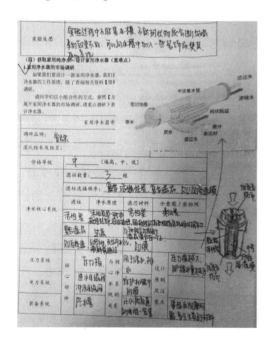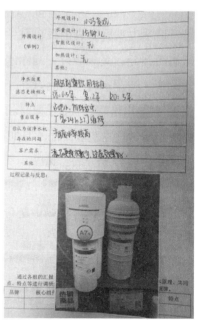

图 5-8　家用净水器市场调研报告

　　同学们通过查阅资料搜集了很多关于净水器工作原理的图片，请学生结合家用净水器的市场调研，理解净水器的工作原理，思考净水器净水工作原理的实质是什么？怎样设计家用净水器的模拟实验。如何验证你们设计方案的科学性和可行性？

　　活动 2：探究家用净水器的工作原理

　　各小组代表汇报家用净水器市场调研情况，主要交流研讨各品牌的核心净水系统、基本原理、共同点及特点 4 个方面，总结家用净水器设计的一般原理和规律。

　　通过市场调研、交流研讨，学生知道了"净水系统"是家用净水器的核心系统。家用净水器的净水系统，一般采用多级过滤技术：一级通常是 PP 棉（PPT）过滤，二级使用活性炭（UDF）滤芯，三级通常是微滤、超滤或纳滤，四级为反渗透装置，五级为后置活性炭。净水器的净水原理主要是过滤、反渗透技术和活性炭吸附。学生通过调研发现，通常家用净水器净水系统中过滤级数越多，净水效果越好，价格越高。相比较来说，目前净水器市场上带反渗透装置的净水器净水效果最好，价格最贵。

　　通过科学探究、市场调研等方式，引导学生归纳总结出家用净水器净水原理的实质是过滤。引导学生从熟悉的过滤实验，拓展延伸至过滤原理在生产、生活中的应用，进一步归纳提炼过滤模型。过滤是进行物质分离与提纯最常用的方法。过滤模型如图 5-9 所示：

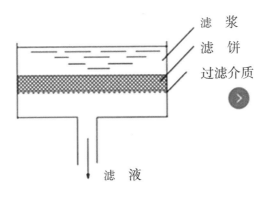

图 5-9　过滤模型

　　滤浆（即含有固体小颗粒的悬浮液）在外界作用力下，通过过滤介质实现固体和液体的分离，大于过滤介质孔径的固体颗粒被截留在过滤介质之上，称为滤饼或滤渣；小于过滤介质孔径的液体或微粒通过过滤介质，称为滤液；外界作用力一般是指重力、压力（或压差）和离心力。通过过滤可以获得较为纯净的液体产品，也可以获得固体产品。

　　我们还可以通过选择过滤介质实现净水。净水工艺上常见的过滤介质有：无纺布、PP 棉、半透膜等。对于肉眼能看到的有害物质，一般采用过滤技术除去杂质。学生通过查阅资料发现，按照粒径大小，自来水中所含的物质主要有：粒径（微粒直径的简称）约为 13 微米的毛发；粒径大于等于 5 微米的泥沙、红虫、铁锈等大颗粒物质；粒径大约是 0.2—1 微米的细菌微生物；粒径约为 0.02—0.4 微米的病毒；粒径约为 0.005 微米的重金属（铅、汞、砷等）等；粒径大约是 0.005 微米的矿物质及微量元素等。

　　那么，对于这些肉眼看不到的有害物质如何除去呢？通过探究知道，净水工艺上常使用膜技术。膜技术实质上也是一种过滤技术。在净水工艺上的过滤膜是选择性半透膜，根据孔径大小分为微滤（MF）、超滤（UF）、纳滤（NF）和反渗透（RO）。4 种净水工艺的原理相同：在外力作用，水分子和少量溶质通过过滤膜，而杂质则被截留。引导学生以小组合作的方式，通过图示、动画等可视化方式归纳提炼净水工艺中微观层面的膜技术原理。其中一组同学分享的"家用净水器净水原理图"如图 5-10 所示：

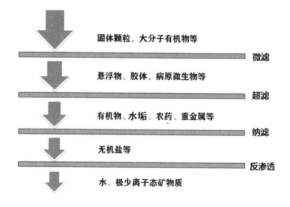

图 5-10　家用净水器净水原理图

那如何延长家用净水器中膜的使用寿命呢？这是净水工艺上的一个重要问题，学生通过交流研讨认为，为了避免杂质堵塞分离的介质，应从大孔径的过滤膜开始，逐步除去污染物。因为污水中包含各种尺寸大小的污染物颗粒，若直接用孔径小的膜处理污水，污水中含有的大颗粒物质会附着在膜材料的表面，不仅效率很低，而且会缩短膜的寿命。污水中的污染物组成非常复杂，分级处理是一种很好的解决问题思路。

学生通过以上实践活动，理解了家用净水器实质上是多种除杂技术进行组合，并且按照分级处理的思想进行排列。不仅是净水器净水系统，像污水处理厂、自来水厂进行水处理时也用到这种分级处理思路。排列的顺序可能是多种多样的，但整体上的策略是按照除去杂质粒径的大小做前后排序，即按颗粒大小的范围，从大颗粒到小颗粒逐渐除去。而同一个除杂技术也会重复出现在净水器的水处理过程中。例如，在除杂流程的最后可再放置吸附装置，以再次除去有色有味杂质，改善视觉体验和口感。另外，为了调整 PH，可以设计后置矿化滤芯，向水中添加碱性物质以改变酸碱性。

活动 3：家用净水器净水系统的模拟实验

净水系统是家用净水器的核心，上课前请各小组同学利用课余时间研读老师提供的资料卡片，结合家用净水器的市场调研，设计净水器的净水系统，用流程图表示并解释原理。

（1）设计家用净水器净水系统方案

请同学们根据"家用净水器净水系统方案设计"表（表 5–14）中的提示，设计方案：

表 5–14　家用净水器净水系统方案设计

净水技术	材料	实验设计方案	原理	效果检验	链接已学知识
1.过滤					

【交流研讨】

课堂上请各小组代表汇报设计方案，大家共同研讨确定模拟实验方案，分组进行实验并检验净水效果。引导学生认识到问题是最好的学习资源，提出问题比解决问题更重要，并且要求学生及时详细地记录实验中的遇到问题。学生核心净水系统模拟实验方案的设计如图 5–11 所示：

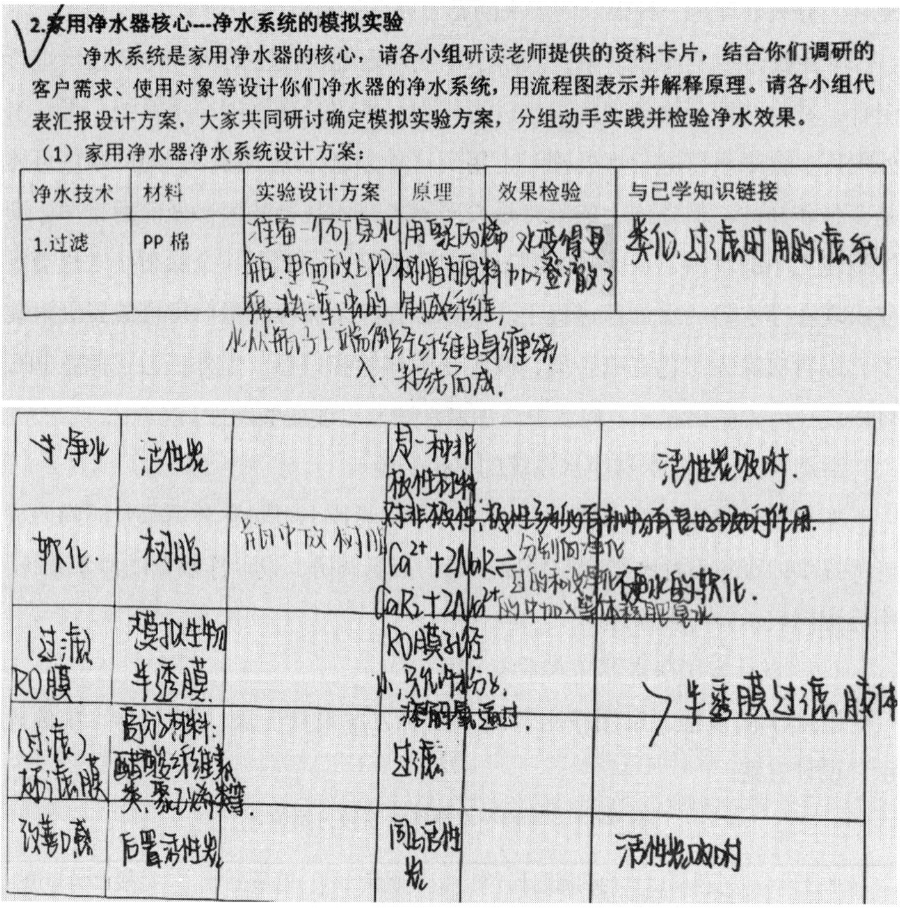

2.家用净水器核心---净水系统的模拟实验

净水系统是家用净水器的核心，请各小组研读老师提供的资料卡片，结合你们调研的客户需求、使用对象等设计你们净水器的净水系统，用流程图表示并解释原理。请各小组代表汇报设计方案，大家共同研讨确定模拟实验方案，分组动手实践并检验净水效果。

（1）家用净水器净水系统设计方案：

净水技术	材料	实验设计方案	原理	效果检验	与已学知识链接
1.过滤	PP 棉	准备一个矿泉水瓶，里面放上PP棉，将污浊的水从瓶子上端倒入。	用聚丙烯树脂为原料制成纤维，经纤维自身缠绕而成。	水变得更加澄澈了	类似过滤时用的滤纸
吸净水	活性炭		是一种非极性材料，对非极性、极性分子的有机物有很强的吸附作用。		活性炭吸附。
软化。	树脂	瓶中放树脂	$Ca^{2+}+2NaR \rightleftharpoons CaR_2+2Na^+$	分别向净化过的和没净化的水中加入等体积肥皂水	硬水的软化。
（过滤）RO膜	模拟生物半透膜。		RO膜孔径小，只允许水分子通过。		半透膜过滤胶体
（过滤）超滤膜	高分子材料：醋酸纤维素类、聚乙烯类等。		过滤		
改善口感	后置活性炭		同上活性炭		活性炭吸附

图 5–11 家用净水器净水系统模拟实验方案

（2）家用净水器核心净水系统模拟实验

通过交流研讨，学生确定的净水系统膜技术模拟实验方案如表 5–15 所示：

表 5-15　净水系统膜技术模拟实验方案

实验目的	模拟净水系统膜技术净水原理			
实验仪器及装置	砂芯过滤装置、微孔过滤膜（孔径分别是 0.8μm、0.45μm、0.2μm）、烧杯、水质检测套装（TDS 值、PH 值、余氯、硬度、重金属含量、亚硝酸盐含量）			
实验方案设计	1.使用水质检测套装检测海水（或实验室模拟海水）的水质指标并记录。 2.每次用量筒量取相同体积（50mL）澄清的模拟海水，使用砂芯过滤装置分别用孔径为 0.8μm、0.45μm、0.2μm 的微滤膜过滤，记录每次过滤 50mL 液体所用的时间，计算使用不同微孔过滤膜过滤相同体积（50mL）液体所用的平均时间。 3.使用水质检测套装检测经 3 次微孔过滤后净化水的水质并记录。			
实验假设	海水经过三级微孔（孔径分别是 0.8μm、0.45μm、0.2μm）过滤后，若干项水质检测值会发生变化			
实验现象	过滤速度非常缓慢，耗时长，最后几滴液体透过过滤膜所用的时间不好把握。			
实验数据	原水体积	滤纸孔径	过滤次数及用时（min）	平均用时（min）
	50mL	0.8μm	21min/23min/24min/24min	22.25min
	50mL	0.45μm	50min/51min/52min/54min	51.75min
	50mL	0.2μm	1h24min/1h25min/1h28min/1h23min	1h25min
实验结论	家用净水器净水系统膜技术原理，如图所示：			
实验反思	这套砂芯过滤装置的过滤速度很慢，耗时长，如何解决这个问题呢？			

（3）净水效果检验

根据我国最新的《生活饮用水卫生标准（GB 5749—2006）》，水的酸碱性、余氯含量、金属含量等是健康饮用水的主要指标。请同学们以小组为单位，使用水质检测套装，参考"水质检测的方法导引"对你们小组净化后的水进行水质检测，包括水中固体溶解物质（TDS）、矿物质含量、酸碱度（PH值）、余氯、硬度、重金属含量、亚硝酸盐含量，如图5-12、5-13：

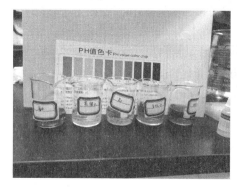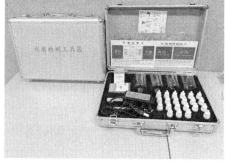

图 5-12　水质检测（PH）　　　　图 5-13　水质检测（矿物质含量）

学生分小组测试了"经反渗透净水器净化后的水""经学校净水机净化后的水"、自来水、海水、"模拟海水经蒸馏制得的蒸馏水"中的各项水质指标，包括 TDS、矿物质含量、PH、余氯、重金属含量、亚硝酸盐，测试数据如表5-16所示：

表 5-16　净水指标检验记录

检测项目/水的类别	经反渗透净水器净化后的水	经学校净水机净化后的水	自来水	海水	模拟海水经蒸馏制得的蒸馏水
TDS	38	148	240	959	165
矿物质含量	30	120	180	超标	160
PH	6.6	7.6	7.6	7.3	7.6
余氯	0.1	0.2	0.2	0.2	0
重金属含量	不含	含	含	含	不含
亚硝酸盐	不含	不含	不含	不含	不含

活动4：探究反渗透净水原理并制作反渗透净水模拟装置

（1）探究反渗透净水原理

　　同学们在净水器净水系统工作原理的模拟实验中，都发现一个问题，我们目前在咱们学校的实验室无法模拟反渗透净水原理。我们在家用净水器的市场调研中，发现高价位的净水器基本都有反渗透净水滤芯。这是为什么呢？带着这些疑问，我们一起来探究反渗透净水原理。

　　理解反渗透净水原理，首先要理解渗透作用。那什么是渗透现象？渗透与反渗透的实质是什么？如何理解二者的关系？不管是渗透还是反渗透都会使用到半透膜，这是可以让小分子物质如水分子自由通过，而较大分子物质如蔗糖分子等不能通过的一类薄膜的统称。生活中常见的半透膜有鸡蛋膜、膀胱膜、羊皮纸、玻璃纸等。家用净水器中使用的是反渗透膜，即反渗透RO膜。渗透与反渗透原理如图 5–14 所示：

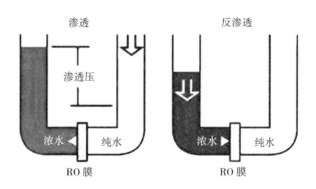

图 5–14　渗透与反渗透

　　渗透：RO 膜（一种半透膜）两侧加入等体积的浓水（浓溶液含有杂质分子和水）和纯水（稀溶液），RO 膜两侧溶液有浓度差。右侧纯水（稀溶液）中的水分子会自发地通过 RO 膜进入浓水（浓溶液）中，而杂质分子无法通过，右侧液面下降，即发生渗透现象，达到渗透平衡状态时的压力差即为渗透压。

　　反渗透：RO 膜（一种半透膜）两侧加入等体积的浓水（浓溶液含有杂质分子）和纯水（稀溶液），RO 膜两侧溶液有浓度差。若在浓水（浓溶液含有杂质分子）侧施加一个大于渗透压的压力时，浓溶液中的水分子会在压力作用下可以通过半透膜流向纯水（稀溶液）一侧。此时溶剂水分子的流动方向与渗透作用的方向相反，所以称为反渗透。

通过净水原理的模拟实验探究，学生能够归纳出渗透技术的实质还是过滤，只是采用了孔径更小的过滤介质，即半透膜。半透膜有不同的孔径，反渗透技术运用了一种孔径非常小的半透膜（称为反渗透膜，或称为 RO 膜），用来除去粒径非常小的微粒。由于反渗透技术所用的半透膜孔径很小，一般只允许透过溶剂或小分子溶质，所以为了使水能够快速通过半透膜，需要对设备加压。

接下来，请同学们思考：反渗透原理是如何运用到净水器工业生产中的？净化效果怎么提高？学生首先想到的就是小孔径，但是小孔径，需要加压，就得加强动力。效率低怎么办？那就需要增加表面积。怎么设计，便于加工制造呢？

反渗透净水柱最核心的就是反渗透膜，它共有三层结构，顶层为超薄分离层，是反渗透的核心部件，在顶层上存在较多褶皱，为增加面积以便负载更多的微孔，增大反渗透的效率；中间为多孔支撑层，一般用抗压性能强的多孔材料，起支撑和保护作用；底层为织物增强层，增强膜的机械强度；经过这样高强度处理的膜片，才能承受一定的水压，在实际水处理中起作用。为了使其能够连续使用，需要设计除了净水出口之外的另一个废水出水口；为了提高过滤效率，需要增加单位体积反渗透膜的面积。反渗透净水器是一种高科技产品，它不仅实现了多层膜高效净化，还解决了膜片之间相互黏连的问题、持续进水和出水的问题等。

反渗透净水器中，为了提高水的处理量，需要增大反渗透膜的表面积，同时为了缩小体积，需要将多层膜叠加，卷成体积较大的筒。当膜被卷成筒时，膜与膜之间会产生黏连，为了解决黏连的问题，工程师们在膜与膜之间加入网格将膜分开。为了解决净化后的污水能够从筒内及时排出的问题，科学家们创造性地将进水与出水的方向做了调整：改为膜袋外进污水，污水透过反渗透膜进入袋内，再流入中心的集水管中，这样就能实现持续的进污水、出净水。

现在高档净水器一般都是由复合滤芯和反渗透滤芯组成，由于反渗透

（RO 膜）成本较高，因此反渗透净水器价格也高。在利用反渗透技术对污水处理之前，需要通过过滤、吸附等方法除去大颗粒杂质。复合滤芯的作用也是经过逐层过滤，逐渐去掉大颗粒杂质，减轻反渗透膜的工作压力，有效延长反渗透膜的使用寿命。反渗透净水机造价高，维护成本也高，主要原因有两个：一个是反渗透膜成本高，另一个是需要压力泵。

（2）学生动手制作反渗透净水模拟装置

大部分学生都可以理解反渗透净水工艺的原理，但对于制作反渗透净水模拟装置，还是没有清晰的设计方案，这时教师需要为学生搭建支架，比如可以让学生请教家用净水器工程师或销售员，也可以带学生"解剖"现实中的反渗透滤柱。

基于以上探究，反渗透装置应该如何设计呢？请同学们以小组为单位，根据老师提供的以下材料，制作反渗透装置。

材料：塑料管（已打孔）、纱布、卡纸、贴纸、双面胶、记号笔

在动手设计的时候，请你思考，该反渗透装置是如何工作的？分析以下几个问题能帮助你分析其工作原理：①在该结构中，水是如何流动的？②进水、纯水和废水的流动方向分别是怎样的？请你在模拟装置中用记号笔画出水流流动的方向。③反渗透膜、隔网等的作用是什么？

根据反渗透净水原理及以上问题的讨论，各合作小组能够制作出目前市场上应用较多的卷筒式反渗透装置模型，也能够清晰地解释进水、净水和废水的流向及反渗透膜、隔网的作用。

探究任务三：认识纯净水

生活中，我们经常会听到"硬水""软水""蒸馏水"，容易与纯净水混淆。我们通过实验探究硬水、软水、蒸馏水和纯净水的关系。

活动 1：认识"硬水""软水"和"蒸馏水"

通过初中的化学学习，同学们认识了软水、硬水的危害、软化硬水的简单方法。自然界中的水通过多种途径可以得到不同程度的净化水。实验室中我们如何降低海水的硬度？如何说明海水硬度的变化？通过交流研讨，同学们确定用蒸馏的方法降低海水的硬度，用肥皂水区分硬水和软水。淡化海水

的蒸馏装置如下图 5-15 所示:

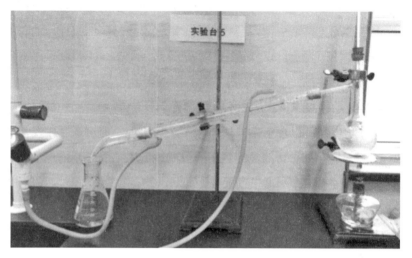

图 5-15　淡化海水的蒸馏装置

　　请同学们思考: 为什么可以用肥皂水区分硬水和软水呢? 通过小组讨论可知, 肥皂的主要成分是硬脂酸钠 ($C_{17}H_{35}COONa$), 在水分子的作用下发生电离, 形成硬脂酸根离子和钠离子。一般硬水中存在大量的钙离子 (Ca^{2+}) 和镁离子 (Mg^{2+}), 而硬脂酸根离子 ($C_{17}H_{35}COO^-$) 会和钙离子 (Ca^{2+})、镁离子 (Mg^{2+}) 生成不溶于水的沉淀。因此, 如果是将肥皂投入到硬水中会产生沉淀。而软水中是不存在微量的钙离子 (Ca^{2+}) 和镁离子 (Mg^{2+}), 因此, 如果是将肥皂投入到软水中, 是不会出现有沉淀的现象, 水是纯净透明的。

　　其实, 除了钙、镁离子外, 铁、锰、锌、铜等离子也会与肥皂作用产生沉淀。所以在化学上定义: 凡是水体存在能与肥皂产生沉淀的矿物质离子, 都称为硬度离子。由此可知, 硬度是指所有硬度离子的总浓度值。不过在一般的自然水 (包括自来水) 中, 除了钙、镁离子外, 其余硬度离子之存量很少, 因此常用水中钙离子和镁离子的浓度代替水的硬度。水的硬度是表示水质的一个重要指标, 设法除去硬水中的钙、镁化合物, 可以使硬水转化成软水。工业上和科学实验中软化硬水的方法很多, 比如离子交换法、膜分离法、石灰法、电磁法、加药法等, 生活中通常使用煮沸的方法降低水的硬度。

活动 2：探究纯净水和蒸馏水的区别

百度百科中界定纯净水的概念时，指出纯净水是纯洁、干净，不含有杂质或细菌的水，简称"纯水"。在生活中，有时我们将蒸馏水也简称为"纯水"。"纯水"可以指纯净水，也可以指蒸馏水，二者有什么区别呢？

实验室用的蒸馏水是净化程度较高的水，我们可以通过蒸馏制取。有同学认为蒸馏水最纯净，可以饮用，而且尝试饮用后也没有什么症状发生。请同学们阅读资料卡片，归纳蒸馏水与纯净水的区别如表 5-17 所示：

表 5-17　蒸馏水与纯净水的区别

蒸馏水	纯净水
蒸馏水是经过蒸馏和冷凝的水。蒸馏水利用蒸馏设备使水汽化，然后使水蒸气凝成水。蒸馏水制备过程中产生的亚硝酸盐会引起血红蛋白变形，迫使血压下降，还有可能引起血脱。蒸馏水缺乏人体必需的矿物质和微量元素，长期饮用会危害人体健康。蒸馏水是活跃的吸收媒介，与空气接触会结合二氧化碳使水呈现酸性。	纯净水大多是将天然水经过滤、提纯净化的水，在经过多道工序、多次过滤后，基本上除了水中的杂质如有机污染物、无机盐、添加剂和病毒细菌等有害物质，有的也除去了人体有益的微量元素和矿物质。将纯净水作为长期饮用水的同时，要注意多从食物中获取微量元素和矿物质元素，维持身体内的电解质酸碱平衡。

活动 3：体验蒸馏水的妙用——建神奇的"水中花园"

我们可以在实验室，利用蒸馏水配制硅酸钠溶液（也称水玻璃），设计实验，建出魔幻神奇的"水中花园"。请各小组利用课余时间，通过查阅资料、分析讨论提出本组的实验方案。

（1）配制一定物质的量浓度的硅酸钠溶液

大家可能见过魔幻神奇的水中花园，其实我们在化学实验室也能建"水中花园"。建"水中花园"必要的试剂是水玻璃，即硅酸钠的水溶液。学生在初三学习了一定质量分数溶液的配制。《普通高中化学课程标准》中，规定"一定物质的量浓度溶液的配制"是要求学生掌握的必做实验。通过查阅资料，我们一般选用质量分数为 20% 的水玻璃制作水中花园。物质的量浓度和质量分数都可以表示溶液浓度，二者之间如何换算呢？怎样建神奇的"水中花园"？其原理是什么？如何优化实验方案？

（2）"水中花园"的设计与制作

课堂上我们共同探究"水中花园"的原理并对各组实验方案的可行性进行分析，共同确定实验方案，以小组为单位体验蒸馏水的妙用——建神奇的"水中花园"。"水中花园"探究实验过程如表 5-18 所示：

【精致】

表 5-18　"水中花园"探究实验

组别：	组员：
实验试剂及仪器	学生方案使用的试剂：各组略有差异 学生经讨论后确定使用的试剂：水玻璃稀溶液（20%）、硫酸铜固体、氯化钙固体、硝酸锌固体、硝酸镍固体、硝酸锰固体、氯化钴固体。 仪器：烧杯、试管、玻璃棒、镊子、滴管等
实验原理 （包含涉及的方程式）	金属盐类的晶体跟硅酸钠溶液互相作用，在盐晶体表面会生成不同颜色的难溶硅酸盐薄膜。这层薄膜具有半渗透性质，薄膜外硅酸钠溶液中的水会不断向薄膜内渗透，致使薄膜不断膨胀，同时薄膜内的盐晶体会溶解成浓溶液。由于这种渗透作用，在达到一定压力后，薄膜会破裂，薄膜里面盐的浓溶液会从破口溢出，再跟硅酸钠溶液互相作用，会有新的胶状金属硅酸盐（难溶硅酸盐薄膜）生成。这种过程不断重复进行，就像五颜六色的植物在生长，主要化学方程式如下： $CuSO_4+Na_2SiO_3=CuSiO_3\downarrow+Na_2SO_4$　　$MnSO_4+Na_2SiO_3=MnSiO_3\downarrow+Na_2SO_4$ $CoCl_2+Na_2SiO_3=CoSiO_3\downarrow+2NaCl$
可行性分析	目前学校实验室有：硫酸铜、无水氯化钙、氯化钴、一水合硫酸锰、硫酸锌、偏硅酸钠，我们能否用这些试剂建出"水中花园"？ 通过分析离子反应的实质：　$Cu^{2+}+SiO_3^{2-}=CuSiO_3\downarrow$　　$Mn^{2+}+SiO_3^{2-}=MnSiO_3\downarrow$ $Co^{2+}+SiO_3^{2-}=CoSiO_3\downarrow$ 同学们一致认为可以尝试用以上试剂制作"水中花园"
改进方案	试剂选用：硫酸铜、无水氯化钙、氯化钴、一水合硫酸锰、硫酸锌、偏硅酸钠，为了美观可以在下层铺一层石英砂或者石子粒。有的组利用漂亮的花瓶制作。

续表

组别：	组员：
实验步骤	1. 配制质量分数为 20% 的水玻璃 300 毫升（硅酸钠溶于水），可以用温热水，置于结晶透明的烧杯中。 2. 用镊子把直径 3—5mm 的下列盐的晶体（硫酸铜、无水氯化钙、氯化钴、一水合硫酸锰、硫酸锌）置于偏硅酸钠溶液里（放在杯底不同位置处）。注意颜色的搭配，最后少放些氯化铁固体，多放些硫酸锰固体、氯化钙固体。氯化铁固体必须放在容器边缘。动作缓慢轻柔。
实验现象	不同晶体生长的速度不同、颜色不同，需要较长时间的观察。一两天和一周的长势不一样，一周时观察更加好看。
成果	
实验反思	细心的同学还发现，如果用带盖的容器制作"水中花园"，可以保存得更久一些。"水中花园"的观赏还与玻璃容器的透光性等有关。

精制环节旨在使学生将知识融会贯通，学以致用。在"开启我的得净水探索之旅"项目中主要有以下两个环节：

（1）构建知识网络，完善知识体系

引导学生运用知识建模技术构建知识网络，并且纳入自己已有知识体系中。学生关于"开启我的纯净水探索之旅"项目的知识网络如图 5-16 所示：

（2）制作微课，并且展示交流

以小组为单位，在老师的指导下，利用 Camtasia Studio 或剪映软件，合作完成一份"自编自讲"的微课。内容如下：论证饮用纯净水的必要性（自

图 5-16　学生"开启我的纯净水探索之旅"项目的知识网络

来水的二次污染、纯净水纷争）；认识纯净水（海水淡化制取蒸馏水、"水中花园"、一定物质的量浓度溶液 Na_2SiO_3 的配制）；家用净水器的设计（净水系统的模拟实验、净水效果的检验、反渗透装置的制作、家用净水器的设计）；展示并解释知识网络。

【评价】

评价环节以学生发展性评价（表现性评价）为主，注重过程性评价与终结性评价相结合，采用自评、互评、师评相结合的形式。对"开启我的纯净水探索之旅"项目中主要的实践活动及探究实验设计具体评价量规，主要有以下 3 个：

（1）家用净水器净水系统模拟实验的评价量规

家用净水器净水系统模拟实验的评价量规如表 5-19 所示，每一项分为优秀（A）、良好（B）、合格（C）、有待改进（D）四个等级：

（2）"配制一定物质的量浓度的硅酸钠溶液"实验操作评价量规

表 5-19　家用净水器净水系统模拟实验的评价量规

姓名:	实验日期:			
团队名称:	团队成员:			
评价指标	评价细则	自评	互评	师评
设计 (3分)　方案、流程	通过家用净水器的市场调研、查阅资料等多种渠道，能够理解净水系统涉及的各种净水技术原理和方法			
	能积极主动地参与实验方案和实验流程的交流讨论与设计			
	能设计合理的实验方案，并能够绘制出实验流程图			
辨析 (3分)　合理、优化	能够通过组内交流和组间汇报，改进优化实验方案			
	在方案设计与流程辨析中，能够清晰、准确地表达自己的设想和质疑			
	我为小组实验方案的设计和流程的优化做出了贡献			
操作 (2分)　规范、熟练	基本实验操作规范、熟练			
	小组分工明确，能够认真地完成本人负责的任务			
	掌握实验观察的方法，能够准确且全面地描述实验现象			
	能客观地记录、表述实验现象以及实验中发现的问题			
反思 (2分)　方法建模、科学态度	在小组汇报交流和实践操作基础上，能够对实验原理、方法及过程进行客观分析			
	能够用图示表示过滤、膜技术（微滤、纳滤、超滤）、渗透作用、反渗透的原理			
	能归纳总结出过滤的认知模型，并阐述在实际生活中的应用			
	能从微观层面理解过滤在生产生活中的应用			
	勤于实践、善于合作、敢于质疑、勇于创新			

高一化学必修 1 中"一定物质的量浓度溶液的配制"是《普通高中化学课程标准》要求的必做实验，承接初中化学中"一定质量分数溶液的配制"。常规教学中教师通常是引导学生配制大家熟悉的氯化钠溶液。"水中花园"中用到的硅酸钠溶液在生产生活中具有广泛的用途，但对于中学生来说却是一种陌生物质。"开启我的纯净水探索之旅"中引导学生运用配制一定物质的量浓度溶液的基本思路与方法配制陌生溶液，是对教材核心知识的拓展与延伸。"配制一定物质的量浓度的硅酸钠溶液"实验操作评价量规如表 5-20 所示：

表 5-20　"配制一定物质的量浓度的硅酸钠溶液"实验操作评价量规

序号	评分细则	评价等级				实际得分
		A	B	C	D	
1	能够正确准备仪器与药品，仪器摆放规范整齐	5	3	0	0	
2	容量瓶使用有检漏操作：加少量水，瓶塞要旋转 180 度再检查一次	5	4	3	2	
3	换算：我们需要秤取（　）克的硅酸钠固体；选用的容量瓶规格是（　）	5	4	3	2	
4	转移操作规范：溶液转移时烧杯嘴紧贴玻璃棒，玻璃棒靠在刻度线以下	5	4	3	2	
5	混合摇匀操作规范：右手食指和中指夹瓶塞，左手托瓶底，顺、逆时针摇	5	4	3	2	
6	定容操作规范：液面离刻度线 1—2cm 时，改用胶头滴管滴加至刻度线，视线与刻度线平齐	5	4	3	2	
7	混合均匀操作规范：左手拿瓶底，右手抵瓶塞，来回缓慢翻转容量瓶，待气泡上升至最高时再翻转，反复多次，最后液面低于刻度线不能再加水	5	4	3	2	
8	检验水玻璃酸碱性的方法与操作规范	5	4	3	2	
9	实验结束，清洗仪器，整理桌面	5	3	0	0	

（3）"建神奇的水中花园"活动表现评价量规

"建神奇的水中花园"是以探究性实验为主的科学探究活动，是对教材核心知识的实践应用，有利于培养学生的实验技能和问题解决能力。按照探究性实验的基本思路设计活动评价量规，如表 5-21 所示：

表 5-21　建神奇的"水中花园"活动表现评价量规

姓名：	实验日期：				
团队名称：	团队成员：				
评价指标		评价细则	自评	互评	师评
设计 （3分）	方案、流程	能写出配制一定物质的量浓度的硅酸钠溶液（水玻璃）的实验流程图			
		能够预测大多数硅酸盐难溶于水			
		通过查阅资料，结合已学知识能理解"水中花园"的制作原理			
		能设计合理的"水中花园"制作方案，并能够绘制出实验流程图			
辨析 （3分）	合理、优化	能积极主动地参与实验方案和实验流程的交流讨论与设计			
		在方案设计与流程辨析中，能够清晰、准确地表达自己的设想和质疑			
		我为小组实验方案的设计和流程的优化做出了贡献			
操作 （2分）	规范、熟练	基本实验操作规范、熟练			
		小组分工明确，能够认真地完成本人负责的任务			
		掌握实验观察的方法，能够准确且全面地描述实验现象，			
		能客观地记录、表述实验现象以及实验中发现的问题			

续表

姓名：		实验日期：			
团队名称：		团队成员：			
操作 （2分）	规范、熟练	能够用化学符号（化学方程式、电离方程式、离子方程式等）表示"水中花园"的形成过程			
反思	方法建模、科学态度	在小组汇报和实践操作基础上，能够对实验原理、方法及过程进行客观分析			
		能归纳总结出难溶电解质生成的认知模型（电离、离子反应）			
		能够透过实验现象从微观层面看到实验的本质			
		勤于实践、善于合作、敢于质疑、勇于创新			

（二）项目式教学案例"以海水为原料自制 84 消毒液"的设计与实施

每一堂课都是发展学生学科核心素养的阵地，教师只有深入地挖掘知识的生长点和创新点，大胆地放手让学生探索和建构，才能真正落实学生核心素养。项目式教学是培养创新型人才的有效途径，也是 STEAM 教育的基本教学形式，因为它从根本上改变了学生、教师、学习材料和学习环境这 4 个教学要素之间的关系，是一种跨学科的深度学习。"以海水为原料自制84 消毒液"采用项目式教学实施。

【项目导引】

新冠疫情初期，84 消毒液非常紧俏，价格比平常高出很多。于是，有同学在网上看到类似"在家自制 84 消毒液"的视频，请大家观看视频，交流研讨下面问题：

（1）视频中是如何制得 84 消毒液的？其原理是什么？这种方法是否可

行呢？

（2）在实验室，我们如何优化这种制取 84 消毒液的方案呢？

视频中作者用自制的简易电解池，电解饱和食盐水而制得 84 消毒液，这种方法是否可行呢？84 消毒液又该如何正确使用呢？视频中，自制 84 消毒液的原料是氯化钠，我们从哪里获得呢？学生通过查阅资料知道全球海洋中所含的氯化钠估计在 4×10^6t 以上，所以海水是人们获得氯化钠的主要来源。请大家阅读资料卡片（表 5-22），思考我们如何在实验室以海水为原料制取 84 消毒液？

表 5-22　我国渤海、黄海、东海、南海海水所含主要化学元素

元素名称	元素总量 /t	元素名称	元素总量 /t	元素名称	元素总量 /t
氧	3.35×10^{15}	钾	1×10^{12}	铜	1.1×10^7
氢	4×10^{14}	溴	2.5×10^{11}	镍	8×10^6
氯	7.2×10^{13}	氟	5×10^9	铝	8×10^6
钠	4.0×10^{13}	磷	2.7×10^8	锰	8×10^6
镁	5×10^{12}	碘	2.3×10^8	钛	4×10^6
硫	3×10^{12}	铁	4×10^7	银	1.4×10^5
钙	2×10^{12}	锡	1.1×10^7	金	1.58×10^4

【项目规划】

我们的核心问题是"如何在实验室以海水为原料，利用电解饱和食盐水的方法制得 84 消毒液？"请同学们以小组为单位进行头脑风暴，对这个问题进行拆解，可以分为哪几个任务？我们如何完成每个任务？如何展示我们的研究过程和研究成果？我们请各小组代表以流程图或思维导图的形式与大家分享本组研讨的方案。

（1）关于项目规划的小组头脑风暴记录单：

表 5–23　小组内头脑风暴记录单

你的想法：

组员 1 的观点：

组员 2 的观点：

……

请以工艺流程图或思维导图的形式表示本组讨论的结果：

组员分工：

团队队名	队员	队长	团队发言人	记录员

（2）组间头脑风暴记录单

请各小组代表与大家交流分享本组的研讨结果：

表 5–24　小组间头脑风暴记录单

他组的设计方案、理由及优缺点等：

本小组改进或优化的设计方案：

　　本项目的驱动性问题是：我们如何在实验室以海水为原料，通过电解饱和食盐水的方法制取 84 消毒液？通过组内及组间头脑风暴，大家主要有以下见解：视频上是用电解饱和食盐水的方法制得 84 消毒液的，那我们如何制取纯净的氯化钠？氯化钠有哪些性质呢？我们常说结构决定性质，探究氯化钠的结构，并亲自搭建氯化钠的微观结构模型，体会物质的宏观性质与其微观结构之间的关系。有了纯净的氯化钠，理解了氯化钠的性质与结构间的关系，那我们怎么优化视频中的实验方案，自制 84 消毒液呢？如何验证我们的实验方案？探究 84 消毒液的使用说明，有助于验证我们自制 84 消毒液的实验方式是否是科学、合理的。

　　根据以上分析，本项目的驱动性问题是"如何在实验室以海水为原料通过电解饱和食盐水的方式制取 84 消毒液？"引导学生运用逆向思维对这个问题进行拆解，主要包括 3 个问题：（1）怎样以海水为原料制取纯净的氯化钠？（2）氯化钠有哪些性质？我们常说物质的结构决定性质，那么氯化钠的微观结构是怎样的？（3）怎样电解饱和食盐水制取 84 消毒液？

　　【项目目标】

　　"以海水为原料自制 84 消毒液"是化学学科内知识整合的实践活动案例，旨在提升学生化学学科核心素养，发展学生的实践创新素养。"以海水为原料自制 84 消毒液"项目具体的活动目标如下：

　　（1）能够从文字、视频等资料中提取关键信息，设计实验方案，从海水（或模拟海水）中提取粗盐，掌握过滤和蒸发实验的基本操作技能。

　　（2）通过小组合作设计粗盐提纯的方案，明确解决物质分离与提纯的核心思路是从杂质与主物质性质的差异入手，选择合适的分离方法。具体到精制食盐，要求学习者能够从电离角度分析粗盐成分，根据离子反应发生的条件选择除杂试剂。

　　（3）尝试构建"去除水溶液中杂质离子"的分析思维模型。具体来说，能够根据杂质离子的特征反应选择除杂试剂，考虑除杂试剂的添加顺序和用量，根据实验需求选择过滤时机等。

　　（4）通过氯化钠的形成知道离子键的形成过程；搭建氯化钠的晶胞模型，

认识离子键的特征；探究晶胞"均摊法"的规律；通过小组合作整合 8 个氯化钠晶胞，体会"无隙并置"的含义。

（5）通过资料卡片了解氯化钠的性质，理解物质的结构与性质间的关系。

（6）能够从物质类别、元素化合价的角度预测 84 消毒液有效成分次氯酸钠（NaClO）的性质。利用氧化还原反应分析并解释 84 消毒液在使用过程中产生的现象和出现的问题。尝试设计实验室自制 84 消毒液的实验装置，设计实验验证可行性。

【项目内容及 STEAM 要素分析】

新冠疫情初期，84 消毒液非常紧俏，各地货源短缺，由此引发我们思考："如何以廉价易得的原料自制 84 消毒液？"本项目围绕这个真实情境的问题解决展开。

（1）学科知识的融合应用

"以海水为原料自制 84 消毒液"主要是化学学科内知识整合的案例。内容主要涉及四部分内容：第一部分涉及人教版九年级（初三）化学上册第四单元"自然界的水"中课题 1"爱护水资源"、课题 2"水的净化"的知识。主要知识点有水资源及其危机、水环保、节水，以及利用过滤、蒸发、蒸馏方法分离混合物。第二部分涉及普通高中化学必修 1 中的粗盐提纯、电解质的电离、离子反应、氧化还原反应，必做实验"一定物质的量浓度溶液的配置"以及过滤、蒸发等基本实验。第三部分涉及高中选择性必修《化学反应原理》中的电化学知识，具体是电解饱和食盐水的知识。第四部分涉及高中选择性必修《物质结构与性质》中离子键、离子晶体、晶胞结构等相关知识。

（2）科学探究与工程实践

本项目的主要实践活动是科学探究，并且渗透不断优化改进的工程思维。包含 3 个科学探究活动：解读 84 消毒液的使用说明；如何在实验室以海水为原料自制 84 消毒液？探究氯化钠（NaCl）的微观结构模型，认识物质结构与性质间的关系。

梳理制盐工艺的发展历程，以"资料卡片"的形式给学生，引导学生掌握提取有效信息的思路和方法。我国《天工开物》有"牢盆煎炼海卤"的记载，盛唐时期形成了"垦畦浇晒"（俗称"五步产盐法"）的完整工艺，现代制盐工艺创新地继承了"垦畦浇晒"制盐工艺，最后一步使用离心机实现氯化钠和水的分离。制盐工艺主要由蓄水池、蒸发池、过滤池和结晶池四部分组成。为学生设计"自制 84 消毒液"项目中原料（纯净的氯化钠 NaCl）的提取，提供学习支架，也有利于学生深切地体会，我们教材中的学习内容源于实践，我们理应将所学知识应用于实践。另外，从制盐工艺的发展历程，学生认识到唐代盛行的"垦畦浇晒"这一制盐技术一直沿用至今，感受中华优秀传统文化的博大精深，增强文化自信心。

（3）实验与实践技能

本项目涉及的实践技能主要是化学实验技能和信息技术技能。

①化学实验技能

通过"海水晒盐"和"粗盐提纯（精制食盐）"实验，使学生掌握过滤、蒸发、结晶等基本实验操作技能；引导学生总结提炼物质分离与提纯的基本思路。其中"海水晒盐"是初中人教版九年级化学要求学生掌握的重要实验；"粗盐提纯（精制食盐）"是《普通高中化学课程标准》要求学生掌握的必做实验。

②信息技术技能

"粗盐提纯"这一课时的教学设计中引入虚拟实验技术，能够充分发挥信息技术的优势，弥补在实验室展开此实验耗时费力的缺点。师生共同学习 Camtasia Studio、剪映等软件，引导学生以小组合作形式，制作一份"自编自讲"的微课进行项目的展示与交流，切实实现现代信息技术与课堂教学的完美融合。

【项目实施】

将化学学科核心素养以活动形式落实，通过拆解核心任务（驱动性问题）包括 4 个核心任务，分别是：制取纯净的氯化钠、认识氯化钠的结构与性质、制取 84 消毒液、展示与交流。每个任务中包含若干个活动，每个活动侧重落实的化学学科核心素养不同，但每个任务的落实涉及了几个化学学科核心素养，整个项目的实施涵盖了 5 个化学学科核心素养。本项目的实施框架如表

5-25 所示：

表 5-25　"自制 84 消毒液"项目实施框架

任务	活动	问题链	化学学科核心素养
任务一：制取纯净的氯化钠	活动 1：海水晒盐——分离海水中的食盐与水	1.有哪些方法可以实现海水中食盐与水的分离，每种方法的分离依据是什么？ 2.怎样设计实验方案将食盐从海水中分离出来？	宏观辨析与微观探析；变化观念与平衡思想；证据推理与模型认知；科学探究与创新意识
	活动 2：粗盐提纯	1.怎样设计实验方案能够除去粗盐中的杂质制得纯净的氯化钠呢？ 2.迁移应用：化学实验室某次实验产生的废液是氯化铜（$CuCl_2$、氯化钙（$CaCl_2$）的混合溶液，现在想回收金属铜并获得氯化钙晶体，请你设计实验方案对废液进行处理。 3.归纳总结：除去水溶液中杂质离子的思维模型	
任务二：搭建 NaCl 的微观结构模型	活动 1：认识氯化钠（NaCl）的性质和用途	1.请参照资料卡片，用思维导图的形式表示氯化钠（NaCl）有哪些性质和用途呢？ 2.请你根据氯化钠（NaCl）的用途推测其性质	宏观辨识与微观探析；证据推理与模型认知；科学探究与创新意识
	活动 2：搭建氯化钠（NaCl）的微观结构模型	1.请你从微观角度解释，钠在氯气中燃烧是怎样形成氯化钠的？ 2.为什么氯化钠中不含"氯化钠分子"呢？ 3.为什么氯化钠晶体中，钠离子（Na^+）和氯离子（Cl^-）的个数比是 1:1？ 4.怎样搭建氯化钠（NaCl）晶体的晶胞？怎样将 8 个氯化钠（NaCl）晶胞以"无隙并置，无限向外延伸"的方式整合？请以小组合作的形式尝试制作模型并展示 5.为什么说离子键既没有方向性也没有饱和性？	

续表

任务	活动	问题链	化学学科核心素养
任务三：自制 84 消毒液	活动 1：解读 84 消毒液的使用说明	1. 观察一瓶 84 消毒液的产品包装，你获得了哪些有意义的信息？ 2. 请解释 84 消毒液每一项使用说明的原因并预测性质 （1）为什么使用时需要稀释和浸泡？为什么若接触皮肤，得立即用清水冲洗？ （2）为什么不适用于钢和铝制品？ （3）为什么能使有色衣物褪色？ （4）为什么要避光阴凉处保存？ （5）为什么不能与酸性产品同时使用？	宏观辨识与微观探析；变化观念与平衡思想；证据推理与模型认知；科学探究与创新意识；科学态度与社会责任
	活动 2：自制 84 消毒液	分析网上"在家自制 84 消毒液"实验装置的优点及缺点，设计实验证明你的结论。鼓励大家改进优化实验装置，也可以尝试设计新的实验装置	
任务四：项目展示	活动 1：构建本项目的知识图谱	请用知识可视化工具（思维导图、知识图谱、流程图等）构建本项目的知识体系	科学探究与创新意识；科学态度与社会责任
	活动 2：制作"自编自讲"的微课并交流展示	可以选用 Camtasia Studio、剪映、Classin 等软件制作微课	

学生成果如图 5-17 所示：

图 5-17   自制 84 消毒液项目成果图

在这个项目中学生以海水为原料制得粗盐，然后精制食盐，通过电解饱和食盐水的优化装置制得 84 消毒液。自制的 84 消毒液能够使得稀释的红墨水和鲜艳的红花褪色。另外，使用精密 PH 试纸测自制 84 消毒液的 PH 与市售某品牌 84 消毒液的 PH 相近。

【项目评价】

"实验室自制 84 消毒液"项目属于化学学科内知识整合的课程案例，旨在提升学生的化学学科核心素养，发展学生的实践创新素养。国内有研究团队提出化学学科能力模型，指出"学科核心知识和活动经验是学科能力发展的基础，学科能力活动既是学科能力发展水平的外在表现，也是促进知识转化为能力素养的重要途径"①。

依据化学学科能力构成及其表现的系统模型制定"实验室自制 84 消毒液"项目具体的学习目标，设计"学习·理解""应用·实践""迁移·创新"的进阶式能力活动任务体系，科学评价化学学科核心素养，并将学习目标转

---

① 王磊.基于学生核心素养的化学学科能力研究[M].北京:北京师范大学出版社,2019:17—19.

化为评价目标，并具体化为评价指标——不同水平的学科能力表现指标，实现"教—学—评"一体化。"自制 84 消毒液"项目评价方案如表 5-26 所示：

表 5-26　"以海水为原料自制 84 消毒液"项目评价方案

能力水平		评价指标
学习理解	A1 辨识记忆	知道酸、碱、盐属于电解质，在水中可以电离
		知道食盐的主要成分是氯化钠（NaCl），知道粗盐中所含的可溶性离子；知道 84 消毒液的有效成分是次氯酸钠（NaClO）
	A2 概括关联	用电离方程式表示强电解质的电离，判断常见离子方程式书写是否正确
		能够从所给资料中，概括出过滤、蒸发、结晶是制取粗盐的基本步骤，实现书本知识与日常生活的紧密联系
	A3 说明论证	从电离的角度说明酸、碱、盐的微观本质，论证酸、碱、盐的类别通性
		能够通过实验论证"自制 84 消毒液"实验方案的可行性
		能够从微观层面说明氯化钠性质的稳定性
应用实践	B1 分析解释	从电离、离子反应的角度对粗盐水中的成分进行微观分析解释
		能够解读 84 消毒液的使用说明
		能够通过搭建模型，归纳出晶胞"均摊法"的计算方法
		能够从微观上解释氯化钠（NaCl）的形成过程
		能够搭建出氯化钠（NaCl）的晶胞模型，并能解释： （1）为什么氯化钠（NaCl）晶胞中 Na⁺、Cl⁻ 的个数比为 1:1？ （2）为什么说离子键既没有方向性也没有饱和性？
	B2 推论预测	从电离及离子反应角度预测多种微粒间能否发生反应及相关的反应现象
		能够从物质类别、化合价的角度预测 84 消毒液有效成分次氯酸钠（NaClO）的性质

续表

能力水平		评价指标
应用实践	B3 简单设计	能够设计从模拟海水中制取粗盐的实验方案
		能够设计粗盐提纯（精制食盐）的实验方案，制取纯净的氯化钠（NaCl）
迁移创新	C1 复杂推理	能依据氧化还原反应、离子反应的发生条件预测 84 消毒液和酸性消毒剂混用的化学方程式和离子方程式
		化学实验室某次实验产生的废液是氯化铜（$CuCl_2$、氯化钙（$CaCl_2$ 的混合溶液，能够设计实验提取金属铜（Cu）并获得氯化钙（$CaCl_2$ 晶体
	C2 系统探究	能够设计出"在实验室以海水为原料，通过电解饱和食盐水制取 84 消毒液"的系统实验方案
	C3 创新思维	能够对网上视频中制取 84 消毒液的装置进行优化或改进；能够对老师提出的"制取 84 消毒液"的实验装置进行分析，并验证其合理性

以上评价方案采用"自评—师评"的评价方式。

（三）基于问题解决的教学案例"一封密信"的设计与实施

"一封密信"项目采用问题解决教学模式设计，具体步骤包括真实问题情境、提出问题、分析问题、解决问题、建构知识体系和评价。

【真实问题情境】

据资料记载，1934 年 10 月，红十军团的方志敏率部队北上，部队因寡不敌众而失利，方志敏同志被俘。但他以惊人的毅力和顽强的意志，战胜各种困难和病痛折磨，很短时间内写下了《可爱的中国》《清贫》等重要文稿。为了保险起见，方志敏还密写了部分信件，像《给中央的信》和给鲁迅的信都是密写的。据有关同志回忆，当时鲁迅收到一封信，打开看发现是几张白纸，也弄不清楚是从哪里寄来的。鲁迅就把白纸给胡风同志看，胡风也看不懂。他们随后找到吴奚如同志，他建议用碘酒擦一下试试。用碘酒擦拭果然显出字来。

【提出问题】

通过交流研讨，学生提出了很多有探究价值的问题：在当时的条件下，方志敏同志是怎样写的密信？"密写药水"是怎么获得的？收信人又是怎样得知密信内容的呢？我们在实验室如何按照上述方法写一封"密信"？如何向大家展示密信呢？请各小组参照方志敏同志写密信的方法，写一封你们喜欢的密信，同时要考虑到如何向大家展示你们密信的内容。

【分析问题】

其实，密写信的方法很多，从碘酒显影的方法来看，方志敏同志是用米汤写的密信。因为米汤里含有淀粉，淀粉遇碘会变成蓝色。其实，用米汤写密信是当时中共地下党常用的一种方法。大家基本都想到了在实验室用淀粉溶液书写自己小组的密信。

那这个项目的关键就是怎么向大家展示密信内容呢？联系教材中"用萃取的方法从溴水中提取溴"的知识，大家想到用同样的方法提取碘来显影密信内容，这是否可行呢？通过交流研讨，大家的问题主要聚焦在：首先，碘水中的碘元素含量很少，能显影密信内容吗？其次，我们常用四氯化碳萃取溴或碘，碘单质的四氯化碳溶液是紫色的，能显影密信内容吗？通过查阅资料，学生知道海洋生物，如海带、紫菜等藻类植物中含有丰富的碘元素，其含量远比海水中含量高，而且海带产量高、价格低，常用作提取碘单质的原料。

基于以上分析，进行项目设计时，将海洋中化学资源的开发利用进一步聚焦在海带提碘上，其设计意图主要有以下 3 个方面：一是单质碘的提取过程中，一定会涉及氧化还原反应，在设计提取物质的转化路径时会面临氧化剂或还原剂的选择问题，这就需要从"强弱比较"的视角认识物质性质。这一视角正是元素周期律（表）学习后对物质性质认识的发展。二是氯、溴、碘是同主族元素，但获得这 3 种单质的方法不同，其原因与同主族从上至下 3 种元素性质的递变规律密切相关。比较氯、溴、碘 3 种单质的提取方法，能够较好地体现元素周期律（表）在物质转化、制备中的实践应用。三是海带提碘是从复杂体系中提取物质，以它为载体设计微项目，能够进一步发展学生对物质分离提纯的认识，完善物质分离提纯类实验问题的解决思路。

　　本项目的难点是如何展示密信内容，具体来说，就是通过海带提碘来显影密信内容。海带中的碘元素存在于一个复杂体系中，其中含有多种杂质。那么"如何提取复杂体系中的微量物质，去除复杂体系中的多种杂质"和"如何选取恰当的方法和试剂实现物质转化"是这个微项目问题解决的两个关键点。因此，用"除杂"的思路逐一去除杂质获得纯净的单质碘是不现实的，而只能用提取的思路。将碘从海带这种复杂体系中提取出来，需要考虑海带中的碘元素的存在形态，以及进行组分中物质的性质分析，选取适当的氧化剂，实现转化、提取。此外，海带中的碘元素的含量不高，如何将其富集也是完成本项目任务需要考虑的问题。

　　选取恰当的方法和试剂实现物质转化主要体现了元素周期律（表）的应用。在选择分离方法时，通过比较氯、溴、碘元素原子的得电子能力强弱，可知溴、碘的失电子能力均强于氯，可以通过选择合适的氧化剂，利用氧化还原反应将其转化为单质进行提取。在选择所用的具体试剂时，则需要将备选的氧化剂的氧化性与碘单质的氧化性进行强弱比较，选择氧化性强于碘单质的物质作为氧化剂。依据氯、溴、碘 3 种元素在元素周期表中的位置，可知氯气的氧化性强于单质溴和单质碘，因此可以选择氯气做氧化剂。由此可见，元素周期律（表）在物质分离提纯中的作用主要表现在基于元素周期律（表）对物质性质（如氧化性、还原性、酸碱性等）进行对比分析，依据分离目的选择、优化分离提纯试剂。

　　因此，"一封密信"这个项目对于促进学生"宏观辨识与微观探析""变化观念与平衡思想"和"科学探究与创新意识"化学学科核心素养的培养具有积极作用。

【解决问题】

　　这个项目中的真实情境：方志敏在狱中《给中央的信》和给鲁迅的信都是密写的。在当时的条件下，方志敏同志是怎样写的密信？收信人是如何看到密信内容的？我们在实验室如何用这种方法写一封密信？怎样展示密信内容呢？

项目内容及 STEAM 要素分析如下：

（1）学科知识的综合应用：

海洋中蕴藏着丰富的化学资源，而开发利用海洋化学资源的核心任务是实现物质转化。因此，以海洋中生物资源的开发利用为背景设计微项目，能够很好地实现化学教材必修第一册的元素化合物内容与元素周期律内容的整合，促使学生基于元素周期律（表）对物质的性质、应用及转化的再认识。

（2）科学探究与工程实践：

依据真实问题情境"方志敏同志写密信"的方法，探究在实验室怎样写一封密信？怎样从海带中提取碘显影密信内容？引导学生体会，在真实情境问题解决中，我们要有"求同存异""具体问题具体分析"的科学精神。

本项目是对教材知识"用萃取的方法从溴水中提取溴"的迁移应用，溴和碘都是卤族元素，性质上有相似性，但二者的性质有差异，具体表现在：第一，海带、藻类等海洋生物中所含的碘元素远比水中的碘元素含量高，所以"海带提碘"是从固态物质中提取碘。第二，我们用萃取剂四氯化碳萃取了溴水中的溴后，利用蒸馏的方法将溴与四氯化碳分离，绝大部分同学理所当然地认为用蒸馏的方法可以将碘与四氯化碳分离，忽略了碘易升华的特性。为了避免碘升华的干扰，我们应该采用反萃取法将碘单质从碘的四氯化碳溶液中提取出来。另外，"反萃取"这个概念在考试或练习中会见到，但有的版本教材中没有，或老师常以了解内容处理反萃取的相关知识。这些问题不仅是学生的易错点，同时也是教师容易忽略的地方。第三，教材中从溴水中提取溴的体系为简单溶液体系，而海带提碘是复杂体系。在实际问题解决中引导学生归纳总结复杂体系中物质分离与提纯的基本思路与方法。

（3）实验与实践技能

在化学实验技能方面需要注重以下两点：要求学生在真实情境问题解决中，掌握萃取、分液、反萃取等基本实验技能；引导学生归纳总结复杂体系中物质分离与提纯的基本思路与方法。

　　在信息技术运用方面需要注重以下两点：引导学生运用知识可视化工具，如思维导图、知识图谱、工艺流程图等构建知识体系；运用 Camtasia Studio、剪映等软件制作微课展示项目成果。

　　"一封密信"微项目的问题解决框架如表 5–27 所示：

表 5–27 "一封密信"项目框架

任务	活动	问题链	化学学科核心素养
任务一：海带提碘	活动 1：如何将碘离子（I^-）转化为碘单质（I_2）？	1.为了将碘离子（I^-）转化成碘单质（I_2），可以选用哪些化学试剂？选择的依据是什么？ 2.请设计实验方案，并运用流程图表示从海带灰中提取碘单质得到含碘单质的溶液的实验流程。 3.可否用酒精萃取碘水中的碘？	宏观辨识与微观探析、变化观念与平衡思想、证据推理与模型认知、科学精神与社会责任
	活动 2：如何检验碘单质（I_2）的存在？	如何检验碘单质（I_2）的存在？	
任务二：写密信	活动 1：将碘单质（I_2）从碘的四氯化碳（CCl_4）溶液中提取出来	1.怎样写密信呢？ 2.我们用碘单质（I_2）的四氯化碳（CCl_4）溶液能读出密信吗？ 3.我们可以用蒸馏的方法分离碘单质（I_2）和四氯化碳（CCl_4）吗？ 4.怎样将碘单质（I_2）从碘的四氯化碳（CCl_4）溶液中提取出来？	
	活动 2：归纳复杂体系物质分离与提纯的基本思路	请每位同学完善自己"海带提碘"的流程图和方案，总结归纳复杂体系中物质分离与提纯的思路与方法	

续表

任务	活动	问题链	化学学科核心素养
任务三：展示密信	活动 1：展示密信	请各小组设计方案，通过实验验证方案的科学性和可行性，向大家展示本组的密信，阐释设计方案及设计意图。 迁移应用：有的家庭把人参、灵芝、鹿茸等中药材放在酒中进行泡制，一段时间以后倒出饮用，有舒筋活血之功效，你知道药材放在酒中泡制的原理吗？	宏观辨识与微观探析、变化观念与平衡思想、证据推理与模型认知、科学精神与社会责任
	活动 2：构建项目的知识图谱	请用知识可视化工具（思维导图、知识图谱、流程图等）构建本项目的知识体系	
	活动 3：制作"自编自讲"的微课并展示	可以选用 Camtasia Studio、剪映、Classin 等软件制作微课	

在项目活动实施过程中以及实施后的总结活动中，一定要牢牢抓住"如何实现复杂体系中低含量物质的分离提纯"和"元素周期律（表）在实现物质转化中的应用"两条线索；也要避免仅关注物质分离与提纯，忽视了进一步发展学生对元素周期律（表）应用价值的认识。

在实施"设计从海带灰中提取碘单质的实验流程"这一任务时，为了帮助学生尽快找到思考的切入点，引导学生提炼复杂体系中物质分离提纯的思路方法，可以为学生提供相应的方法导引。例如，引导学生思考归纳实现复杂体系中含量较低物质分离的基本思路，实质上包括提取和富集两个关键任务。也可以引导学生用自己的语言归纳物质分离提纯的基本思路，比如对含有大量杂质的混合物，进行初步分离，得到含有少量杂质的混合物，选择合适的提取方法得到低浓度的目标物，再通过富集得到高浓度的目标物。总体来看，在完成海水提溴和海带提碘任务时，需要依据以下思路设计具体的物质分离、提纯路线，如图 5-18 所示：

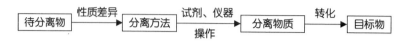

图 5-18　物质分离与提纯路线

这个项目实施中海带提碘活动记录如图 5-19，学生写密信，展示密信的活动

图 5-19　展示密信

【建构知识体系】

溶液体系是化学反应的重要场所，也是初高中化学重要的研究对象。在高中阶段，学生将逐步建立分析溶液体系的思路方法：分析溶液体系中的物质（溶质、溶剂）—分析体系中的微粒—推测微粒间的相互作用—基于现象证据分析相互作用的结果—形成对溶液体系变化过程的合理解释。电解质这节课是溶液认识的开端课，学生从宏观认识溶液中的溶质、溶剂，发展到基于电离认识溶液中的微粒，再到基于离子反应理解微粒间的相互作用。在选择性必修阶段，学生要根据电离的强弱程度，判断体系中的微粒种类和数量；根据化学平衡原理，理解溶液中微粒间多种相互作用的竞争关系。请大家思

考，在你设计的实验方案中，实现物质分离、提纯的基本思路是什么？通过交流分享，总结的"复杂体系分离提纯的基本思路"如图 5-20 所示：

梳理从海带中提取碘元素的过程，可以发现，正是根据待分离体系中目

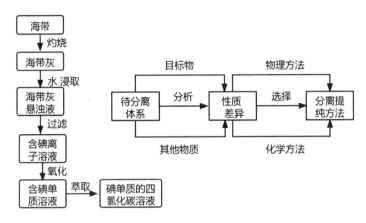

图 5-20　复杂体系分离提纯的基本思路

标物与其他物质性质差异的分析，我们选择了每一步的分离提纯方法。这里既有物理性质的差异，又有化学性质的差异。相应的在分离方法上，既有物理方法，又有化学方法。比如，海带灼烧去除有机化合物是基于化学性质可燃性的差异，灼烧是化学方法。过滤去除海带灰悬浊液中不溶性杂质是基于物理性质即分散质粒子直径的差异，是一种分离提纯物质的物理方法。而当体系复杂、杂质较多，无法用过滤的方法将其逐一除去时，采用萃取的方法，不仅能将目标物直接提取，与大量杂质分离，还能起到很好的富集效果，解决目标物在分离体系中含量太少，难以分离提纯的问题。

【评价】

有的家庭把人参、枸杞、灵芝、鹿茸等中药材放在酒中进行泡制，一段时间后倒出饮用，有舒筋活血之功效。引导学生在课后，探究泡制药酒的原理。仍然以真实情境问题解决的方式，评价学生迁移应用能力。"泡制"实际上属于固液萃取，中药材中的有效成分在泡制过程中转移到酒精中，通过饮用药酒达到一定药效。

四、课程实施效果评价与反思

首先，进行第二轮行动研究的总结，然后分析《知水善用》课程的实施效果，最后反思化学学科实践活动课程设计的主要成效及问题。

（一）第二轮行动研究总结

通过总结第二轮行动研究《知水善用》课程设计的实践探索，分析化学学科实践活动课程实施的效果。第二轮行动研究《知水善用》课程的设计与实施过程是化学学科实践活动课程设计的改进与提升阶段，行动过程总结如表 5-28 所示：

表 5-28   第二轮行动研究《知水善用》课程设计的总结

阶段	步骤	具体内容
行动计划	研究问题	怎样基于 STEAM 教育理念设计有利于提升学生核心素养的化学学科实践活动课程？
	分析问题	问题的关键是怎样使 STEAM 教育理念真正融入化学学科实践活动课程的设计中？首先，要真正把握 STEAM 教育理念的精髓；其次，要深入分析 STEAM 理念融入化学学科实践活动课程的必要性；最后，优化课程设计模式。
	制定计划	基于 STEAM 教育理念设计化学学科实践活动课程《知水善用》，具体来说，以高中化学真实情境问题解决为导向，将 STEAM 教育理念融入到需求分析、课程目标、课程内容的选择与组织、教学活动设计与实施、课程评价中。
行动实施与观察	实施行动方案	《知水善用》课程包含 5 个关于"水"的应用案例，以"开启我的纯净水探索之旅""自制 84 消毒液""一封密信"3 个案例阐释在化学学科实践活动课程中如何应用 5E 教学模式、项目式教学以及基于问题解决的教学方式。

续表

阶段	步骤	具体内容
行动实施与观察	收集数据进行分析	根据学历案、KWL表、实验方案设计与操作、科学探究过程、"家用净水器净水系统模拟实验的评价量规""配置一定物质的量浓度的硅酸钠溶液"实验操作评价量表、"神奇水中花园"活动表现评价量规、头脑风暴记录单、"以海水为原料自制84消毒液"活动表现评价量规、项目评价方案、《知水善用》课程学习评价表、小组合作学习评价表、每个项目的微课、课堂过程性记录(照片、成果等)、课堂观察、学生访谈等资料分析教学活动的效果。
行动反思	对计划—实施—观察进行再认识	主要成效: (1) 注重课堂的生成性; (2) 提出了基于STEAM教育理念的化学学科实践活动课程设计模式; (3) 总结提炼出基于STEAM教育理念设计化学学科实践活动课程的策略,并以案例形式阐释。
		主要问题: (1) 学生探究过程中会不断发现新问题,但课时紧张,有的问题很有价值但没时间深入探究; (2) 学习档案袋评价方式有待优化改进; (3) 教学中教师与学生运用信息技术的能力薄弱,亟待不断提升。

(二) 《知水善用》课程实施效果评价

《知水善用》课程中每个项目的实施侧重于采用表现性评价,依据课程及活动目标,设计具体可行的评价方案,促进学生核心素养的发展。课程实施结束后,采用课程学习结果评价表和小组合作评价表,调查课程实施效果。

1. 《知水善用》课程学习结果评价

《知水善用》课程以基于STEAM教育理念的化学学科实践活动为载体,旨在提升学生的化学学科核心素养,发展学生的实践创新素养。通过真实情境问题解决，重在落实学生发展核心素养框架的实践创新素养中问题解决这个基本点。问题解决是《知水善用》课程的出发点和落脚点，为评估学生学习这门课的效果，课程学习评价量表从问题解决过程的角度设计，主要包括项目评价、参与态度、问题理解与分析、方案制定与实施、状态监控与调整、结果交流与评价。《知水善用》课程学习评价表见附录 1。

2. 合作小组评价量表

基于 STEAM 教育理念的化学学科实践活动课程提倡以小组合作的形式，通过学科实践活动解决真实情境问题。小组合作评价表见附录 2。

（三）《知水善用》课程设计的反思

《知水善用》课程内容从横向看体现学科间的整合，涉及科学（化学、生物、物理）、工程、技术、人文、数学等学科知识；从纵向看体现出化学学科内的整合，是教材中核心概念与原理的延伸与拓展。如高一化学必修 1 中的"一定物质的量浓度溶液的配制"是高中化学课程标准要求的必做实验，老师引导学生学习时，基本都是配制一定物质的量浓度的氯化钠（NaCl）、氢氧化钠（NaOH）这两种非常常见的溶液。"开启我的纯净水探索之旅"项目中"建神奇的水中花园"这个活动，需要引导学生使用蒸馏水配制陌生的硅酸钠（Na_2SiO_3）溶液，而且这个活动安排在学生学习了一定物质的量浓度氯化钠（NaCl）溶液配制的基础上。这样安排既有利于巩固提升必做实验"一定物质的量浓度溶液"的实验原理与操作技能，又给学生提供了迁移应用所学知识的机会与支架，让学生亲身体会到我们所学的知识在生产、生活中的用途非常广泛，只是我们缺乏发现的心灵和实践的机会。从学生的学习感受中看到，很多学生都提到这个课程的学习提升了他们的实验动手能力和合作能力，使得他们更加喜欢学习化学，每位同学都很期待下学期的化学学科实践活动课。

根据《知水善用》课程学习评价表、小组合作学习评价表、学历案、KWL 表、实验方案设计、实验操作、科学探究过程、"家用净水器净水系统模拟实验的评价量规""配置一定物质的量浓度的硅酸钠溶液"实验操作评价量表、"神奇的水中花园"活动表现评价量规、头脑风暴记录单、"实验室自制 84 消毒液"活动表现评价量规、项目评价方案、每个项目的微课、课堂过程性记录（照片、成果等）、课堂观察、学生访谈等资料分析课程设计与实施的效果。

1.《知水善用》课程设计与实施的主要成效

《知水善用》课程设计的实践探索中主要成效有以下几点：

（1）重视课堂的生成性

《知水善用》课程设计与实施过程中很重视课堂的生成性，能够根据遇到的问题，及时调整教学，顺势利导地设计教学活动。引导学生明白问题是最好的学习资源，提出问题比解决问题更重要！比如在"开启我的纯净水探索之旅"项目中探索"水中花园"的制作时，好几个小组通过查阅资料设计了相似的实验方案，但是由于方案中好些硝酸盐都属于安全管制的危险化学品，学校购买这些试剂时需要一系列的审批手续。临近上课前，学校相关部门没有购买到相应的试剂。学校实验室目前有的相关试剂是：硫酸铜（$CuSO_4$、无水氯化钙（$CaCl_2$、氯化钴（$CoCl_2$、一水合硫酸锰（$MnSO_4$、硫酸锌（$ZnSO_4$、硅酸钠（Na_2SiO_3）。鉴于此种状况，教师顺势提出问题：那我们是否可用这些试剂建出神奇的"水中花园"呢？

那我们就要引导学生分析"水中花园"的原理。引导学生写出主要反应方程式：$CuSO_4+Na_2SiO_3=CuSiO_3\downarrow+Na_2SO_4$；$MnSO_4+Na_2SiO_3=MnSiO_3\downarrow+Na_2SO_4$；$CoCl_2+Na_2SiO_3=CoSiO_3\downarrow+2NaCl$。请同学们思考这些反应的实质是什么呢？经交流研讨，得知其实质是电解质的电离，并且发生了一系列的离子反应，如：

$Cu^{2+}+SiO_3^{2-}=CuSiO_3\downarrow$　$Mn^{2+}+SiO_3^{2-}=MnSiO_3\downarrow$　$Co^{2+}+SiO_3^{2-}=CoSiO_3\downarrow$ 等。这时教师追问：我们可以用现有的试剂制作"水中花园"吗？同学们异口同声地回答"可以"。从学生表现可以看出，通过这个教学活动，既引导学生通过自主分析解决了眼前的实际问题，又帮助学生理解了离子反应的实质，很好地将教材知识的学习与真实情境问题解决联系到了一起。

引导学生可以通过多种渠道获取相关资源，如书籍、网络、数据库、实验、调查、教师、专家、同学、家长等。实验过程中及时抓拍学生规范或错误的实验操作，通过智慧教室的投屏功能，及时强化或纠正，如有一小组在蒸馏海水实验结束时，教师抓拍到如下图 5-21 所示的现象，采用智慧教室投屏技术，及时提出生成性问题，请同学们思考这样的操作正确吗？

通过交流研讨，大家一致认为这样的操作是不正确的，容易炸裂蒸馏烧瓶。

图 5-21　实验抓拍

（2）提出了基于 STEAM 教育理念的化学学科实践活动课程设计模式

为了解决第一轮行动研究《趣味化学》课程设计及实施中出现的问题，笔者深入分析 STEAM 教育的实质及 STEAM 教育理念融入化学学科实践活动课程设计的必要性，借鉴逆向课程设计原理和斯基尔贝克的情境分析课程设计模式，提出了基于 STEAM 教育理念的化学学科实践活动课程设计模式。该模式以真实情境问题解决为导向，将 STEAM 教育理念融入到需求分析、课程目标、课程内容的选择与组织、教学活动设计与实施、课程评价与反思中，并以此模式设计并实施《知水善用》课程，验证了此模式的可行性。

（3）总结提炼出基于 STEAM 教育理念设计化学学科实践活动课程的策略

通过《知水善用》课程的设计与实施，总结提炼出基于 STEAM 教育理念设计化学学科实践活动课程的策略。具体来说：①课程目标的确定遵循"中国学生发展核心素养、化学学科核心素养与化学课程标准→化学学科实践活动课程目标→单元或项目教学目标→课时学习目标”的思路；②教师在选择化学学科实践活动课程内容时要同时兼顾学科体系、社会生活与学习活动、学生经验三方面，可以通过多种途径选择适宜的课程内容；提出化学学科实践活动中提炼与建构大概念的路径；③提出了教学活动设计与实施策略，以案例形式阐释怎样以 5E 教学模式、项目式教学、基于问题解决的教学设计并实施化学学科实践活动。如“开启我的纯净水探索之旅”项目采用的是 5E 教学模式，“以海水为原料自制 84 消毒液”项目采用的是项目式教学，“一封密信”项目采用的是问题解决教学模式。提出了有效的教学策略及课程实施建议。④注重表现性评价，以案例形式阐释化学学科实践活动课程的评价。

2.《知水善用》课程设计与实施中的主要问题

《知水善用》课程设计与实施中的主要问题表现在：

（1）化学学科实践活动课时有限。学生探究过程中会不断发现新问题，但课时紧张，有些问题很有价值却因为时间限制没办法深入探究。比如家用净水器净水系统的模拟实验中，大家发现过滤速度非常慢，有的同学想去探究这个课堂上生成的并且很有价值的问题，但是迫于时间的原因而搁置。

（2）需要完善学习档案袋。课程实施中采用的是学习档案袋的评价方式，其中学历案是重要组成部分。学历案的优势是显而易见的，将学习资料、学习目标、学习过程及学习评价融为一体，能够很好地记录每个学生的学习过程，帮助学生反思与深化学习内容。课程设计是一个长期不断更新优化的过程，这个过程中必须深入分析学生的学习情况及学习效果。由于学习档案袋及学历案都是纸质的，进行课程效果分析时，整理、分析所有学生的纸质资料比较困难。这就启发我在后续课程案例的实施中需要借助信息技术建立“云档案”，使得纸质资源与信息资源相辅相成、相得益彰，真正发挥学习档案袋评价的价值。

（3）教学中教师与学生运用信息技术的能力亟待提升。学习金字塔理论告诉我们主动学习的方式有 4 种，其中“教授他人”这种方式的学习效果最好。因此《知水善用》课程中 3 个课程案例中都采用制作“自编自讲”微课进行项目成果的展示与交流。微课制作常用的软件有 CamtasiaStudio、剪映等，教授学生使用这些软件时总会遇到这样或那样的问题，需要信息技术老师的支持和合作。

扎根于教学一线展开 STEAM 教育视域下化学学科实践活动课程设计的行动研究，验证了 STEAM 教育理念融入化学学科实践活动课程设计的可行性和必要性。通过实证研究表明，基于 STEAM 理念设计并实施化学学科实践活动课程，是 STEAM 教育与化学学科融合提升学生化学学科核心素养，发展学生实践创新素养的有效路径。

第六章　基于 STEAM 教育理念设计化学学科实践活动课程的策略

　　基于 STEAM 教育理念的化学学科实践活动课程设计是教师及课程开发共同体，依据课程目标展开的微观课程设计。化学学科实践活动课程是学科课程与活动课程的融合，隶属于综合实践活动课程，可以校本课程的形式开展。采用 SWOT 分析法，即运用系统分析的思想进行案例学校化学学科实践活动课程设计的需求分析，具体来说对案例学校的地理环境、硬件设备、教师资源、管理力量、学生状况、家长配合、社会参与、课程状况方面，进行优势、劣势、机会与威胁 4 个方面的分析。本研究课程目标聚焦核心素养的提升，旨在发展学生核心素养框架中的实践创新素养，选取实践创新素养中的"问题解决"作为 STEAM 教育视域下化学学科实践活动课程设计的出发点和落脚点。基于理论研究与实践探索总结提炼出了，基于 STEAM 教育理念的化学学科实践活动课程设计的实践模型及具体策略。

　　学科教学与学科实践活动教学应该相得益彰，共同促进学生核心素养的发展。基于 STEAM 教育理念的化学学科实践活动课程以真实情境问题解决为载体，将课程目标、课程内容的选择与组织、教学活动的设计与实施、课程评价 4 个相互依存、相互促进的基本要素联系起来，实践模型如图 6-1 所示：

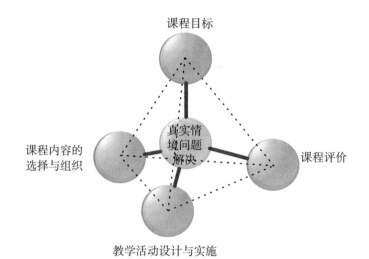

图 6-1   基于 STEAM 教育理念的化学学科实践活动课程设计实践模型

基于 STEAM 教育理念的化学学科实践活动课程设计实践模型，主要有以下要点：

（1）基于 STEAM 教育理念的化学学科实践活动课程目标、课程内容、教学设计与实施、课程评价的内涵。

STEAM 教育的实质在于运用综合多元的思维方式解决真实情境问题。核心素养是学生在解决实际问题中表现出来的必备品格和关键能力。本研究课程目标聚焦核心素养的提升，旨在发展学生核心素养框架中的实践创新素养，选取实践创新素养中的"问题解决"作为 STEAM 教育视域下化学学科实践活动课程设计的出发点和落脚点，统摄关键能力与必备知识。化学学科实践活动课程目标、课程内容的选择与组织、教学活动的设计与实施、课程评价都指向真实情境问题解决。

基于 STEAM 理念的化学学科实践活动课程内容聚焦必备知识的掌握，主要指大概念、化学基本观念、核心知识、基础知识与技能，是培养能力、达成素养的基础。根据课程目标、课程内容和学生情况设计适宜的教学活动发展学生核心素养，主要采用 STEAM 教育中常用的 5E 教学、项目式教学、问题解决教学等教学方式，这些教学方式根本上都是指向真实情境的问题解决。

化学学科实践活动课程中教学活动的设计与实施是实现课程目标、掌握课程内容、评价课程实施效果的重要载体。课程评价聚焦关键能力的培养，主要指问题解决能力、实验技能、合作学习能力等，是支撑和体现学科素养要求的能力表征。主要采取表现性评价，即依据课程目标，确定清晰的评价标准，为学生的学科实践活动持续提供清晰的反馈，促进学生核心素养的发展。

基于STEAM教育理念的化学学科实践活动课程要实现课程目标—活动设计—课程评价的一致性，就是说课程评价是依据课程目标设定的，服务于课程目标中学生化学学科核心素养和学生发展核心素养的提升。

(2) 基于STEAM教育理念的化学学科实践活动课程目标、课程内容、教学设计与实施、课程评价4个基本要素是相互依存，相互促进的关系。

中国学生发展核心素养本质上是跨学科素养，基于STEAM理念的化学学科实践活动课程目标旨在发展学生核心素养。核心素养细化为必备知识的掌握和关键能力的培养。在基于STEAM教育理念的化学学科实践活动中，核心素养统摄关键能力和必备知识；掌握必备知识旨在培养关键能力；关键能力的提升能够促进必备知识的深度学习；实践活动是知识向能力与素养转化的基本途径。换句话说，以真实情境的问题解决为载体，将"核心素养""必备知识""关键能力"与课程目标、课程内容、教学活动设计与实施、课程评价紧密结合起来，构成有机整体，使学生与教师在基于STEAM教育理念的化学学科实践活动课程中得到发展。

第一节　化学学科实践活动课程目标的确定

在课程设计领域，最为经典的是泰勒的目标课程模式，即确定目标、选择经验、组织经验和结果评价。后来的学者进一步归纳为课程目标、课程内容、课程实施和课程评价4个方面，其中课程目标是关键，它直接影响课程内容的选择、教科书的编写、教学过程的实施、教学效果的评估等方面。化学课程目标是依据人才培养要求、学生认知规律、学科特征确定的，反映了特定时期的教育价值取向。根据化学课程目标选择化学学科的基本教育内容，这充分体现了目标对学生发展的导向作用。我们要确定课程目标，根据课程目标选择和组织课程内容，确定单元和课时教学目标，同时课程目标也是课程实施和课程评价的准则。

化学是研究物质的学科。世界是物质的世界，物质形态万千，变化多样，但不同的物质形态并不是各自孤立存在的，它们处于一个有机的统一体中，物质之间相互联系、相互影响、相互转化。研究者们为揭示物质变化规律通常采用实验的方法，按照预设方案，利用相关仪器与设备，有目的地控制相关条件，模拟自然现象或工程工艺，探究实质或主要影响因素，寻找最合理的实验路径，这个过程本身就体现了 STEAM 教育中的科学、技术、工程、数学、人文等学科知识的整合。重要的化学观念、化学原理和化学方法成为课程目标体系的构成要素，有助于学生较好地理解化学学科的结构，提高学生分析问题和解决问题的能力。[①]

一、化学学科实践活动课程目标确定的依据

教师在确定化学学科实践活动课程目标时，首先要理清教育目标的层级关系及各层目标的含义，然后根据本研究提出的 STEAM 教育视域下化学学科实践活动课程目标确定的技术路线来确定。

（一）教育目标的层级关系

教育目的的层级是以概括性程度为准则划分的，依次是教育目的（教育方针）、教育目标（培养目标）、课程标准（课程目标）、教学目标（学年、单元或课时目标）。教育目的范围的层级关系是从抽象到具体、从普遍到特殊的关系，体现了教育目的落实的具体路径。有学者将教育目的划分为一级教育

---

①   刘知新. 化学教学论［M］. 北京：高等教育出版社，2019：42.

目的、二级课程目标和三级教学目标。[①]现行教育目标的层级关系如表 6-1
所示：

表 6-1　教育目标的层级关系

层级	陈述名称	制定者	特点	举例
一级（教育目的）	教育方针	国家 / 政府	抽象；笼统；比较关注"应该如何"	"五育并举"即在德、智、体、美、劳方面得到发展
二级（教育目标）	各类学校的培养目标	国家 / 政府	对教育目的的具体化	中国学生发展核心素养
三级（课程标准）	各级各类学科课程标准	学科专家	从"抽象"逐步过渡到"具体"	《普通高中化学课程标准（2017 年版 2020 年修订）》、化学学科核心素养
四级（教学目标）	学年（学期）目标、单元（主题）目标、课时目标	教师	比较具体；比较关注实际状态	一般从知识、能力、情感方面确定

　　化学学科实践活动课程的特点是从抽象的化学课程标准过渡到具体的实
践课程，其课程目标介于三级（课程标准）和四级（教学目标）之间，可以
称为学科选修课程目标或校本课程目标。化学学科实践活动课程的课程目标
制定者一般是教师或课程开发者。

（二）各类目标的含义

　　为确定合理可行的化学学科实践活动课程目标，我们必须理解教育目的、

---

① 钟启泉,崔允漷. 新课程的理论与创新[M].师范生读本.2 版.北京:高等教育出版社,2008:73.
引用时有适当修改.

培养目标、课程标准、教学目标的层级关系及含义。

1. 教育目的与培养目标的含义

教育目的是反映一定社会对受教育者的要求，是教育活动的出发点和落脚点，也是制定教育目标、确定教育内容、选择教育方法、评价教育效果的根本依据。[①]一级教育目的高度概括了一定社会培养人的总要求，比较抽象，通常是以教育方针的形式陈述。各级各类学校依据国家教育目的和学校的性质及任务制定培养目标。也就是说制定培养目标是为了实现教育目的，二者是一般与个别、整体与局部的关系。

核心素养导向的教育改革已成为当今国际教育的共识。各国对核心素养的界定大体一致，但略有差异，具体体现了各自的民族与国家特色。我国学者通过对国际上核心素养的研究，梳理出其内涵主要包括以下几点：核心素养是一个多维的概念，包括知识、能力和情感态度价值观等多个层面，能够发挥多元功能与价值；是个体终身发展所需要的基本素养，也是社会群体成员的共有素养，可以帮助个人满足各个生活领域的重要需求。[②]

教育目的高度概括了全国中小学生发展的应然状态，无法直接拿来设计课程，这就需要确定面向中国全体中小学生发展的核心素养。2016 年 9 月 13 日我国教育部发布了中国学生发展核心素养，以培养"全面发展的人"为核心，为了方便在实践中应用，又将 6 大素养进一步细化为 18 个基本要点，具体框架如图 6-2 所示，并对其主要表现进行了描述。

---

① 施良方.课程理论——课程的基础、原理与问题[M].北京:教育科学出版社,2016:90.
② 林崇德.21 世纪学生发展核心素养研究[M].北京:北京师范大学出版社,2016:22—23.

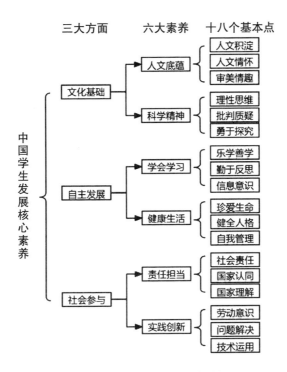

图 6-2　中国学生发展核心素养框架

中国学生发展核心素养既具有中国文化底蕴，又具有时代特点，两者融合、互动、支撑。[1]我国各级各类学校的培养目标自然也就指向落实中国学生发展核心素养。

2. 课程标准的含义

中国学生发展核心素养是面向全国中小学生的，是从各学科中抽提概括出来的共同素养。为了落实中国学生发展核心素养，我们必须使培养目标具体化到各具体学科中，即要确定课程标准。各学科专家根据普通高中课程方案制定了本学科的课程标准，具体包括语文、数学、英语等 20 门学科的课程标准。各学科课程标准凝练了本学科核心素养，更新了课程内容，研制了具

---

① 杨九诠.学生发展核心素养三十人谈[M].上海:华东师范大学出版社,2019:67.

体的学业质量标准，增强了课程标准的指导性。

3. 教学目标的含义

各学科课程标准是面向全体学生的"最低要求"，教师需要在深入研究学生特点、学科发展及社会需求等的基础上确定行之有效的课程目标，进而根据教育现场的实际情况将课程目标逐步具体化为课时教学目标，才能最终实现上述各级目标。教学目标是教学活动的出发点和落脚点，在教学过程中发挥着重要作用。教学目标通常分为学期教学目标、单元教学目标和课时教学目标。

二、化学学科实践活动课程目标的确定

（一）化学学科实践活动课程目标的层级关系

化学学科实践活动课程属于学科实践活动课程，隶属于综合实践活动课程，是国家必修课程。在实践领域，化学学科实践活动课程可以教师开发的校本课程展开。体现了教师依据中国学生发展核心素养、化学学科核心素养和化学课程标准进行国家课程校本化的过程。化学学科实践活动课程目标的设定遵循教育目标的层级关系，由教师根据现行目标文件自行决定。具体来说，遵循中国学生发展核心素养、化学课程标准、化学学科核心素养逐渐具体化的实现路径。

（二）化学学科实践活动课程各层面目标的内在逻辑

根据逆向课程设计理念，我们要在确定科学合理的课程目标的基础上，优先设定课程评价，再设定学生的学习活动，保证课程目标—教学活动—课程评价的一致性。为了确定切实可行的化学学科实践活动课程目标，我们要理清楚学生发展核心素养、化学学科核心素养、化学课程标准、化学学科实践活动课程各层面目标的内在逻辑。我国的新课程改革目标是从"双基"到"三维目标"走向"核心素养"的。学生发展核心素养实质上是对三维目标的

高度概括。具体来说，把三维目标中的知识与技能、过程与方法提炼为关键能力，把情感态度价值观提炼为必备品格，所以三维目标是核心素养的基本要素和实现路径。学科核心素养是在真实情境问题中表现出来的综合品质或能力。

1. 中国学生发展核心素养与化学学科核心素养的关系

学生发展核心素养和化学学科核心素养二者的共同点是都具有"跨学科性"，二者体现出互相包含、互相促进、抽象与具体的关系。

（1）中国学生发展核心素养和化学学科核心素养都具有"跨学科性"

国际上，大多数国家的核心素养实质上都是跨学科素养，像我国学生发展核心素养就是跨学科素养。也有国家的核心素养中含有跨学科素养的成分，如欧盟的八项核心素养中，信息素养、学会学习、公民与社会素养、创新精神与创业意识、文化意识与表达这 5 项则属于跨学科素养。[①]

发展学生核心素养需要依托各门学科课程的落实，而学科核心素养的凝练源于学生发展核心素养。各学科核心素养既体现了这门学科对学生核心素养发展的独特贡献和影响，又体现了这门学科对学生发展的教育价值。各学科核心素养落实的教学建议和评价建议中，都提到可以通过学科整合来落实核心素养，也可以通过不同学科之间的整合甚至超越学科边界来落实核心素养，这与 STEAM 教育理念不谋而合。

学生发展核心素养是各学科共同秉持的基本理念，提升学科核心素养是发展学生核心素养的基本路径。通过分析研究各学科核心素养发现，学科核心素养都是由本学科特有的核心素养和"跨学科素养"构成。例如，高中化学学科核心素养中宏观辨识与微观探析、变化观念与平衡思想体现化学学科特性，证据推理与模型认知、科学探究与创新意识、科学精神与社会责任三者同样适用于物理、生物等学科。也就是说各学科核心素养中的"跨学科素养"也适用于别的学科。文科类的学科核心素养构成也表现出相似的规律。部分学科核心素养的构成如表 6-2 所示：

---

① 邵朝友.指向核心素养的逆向课程设计[M].上海:华东师范大学出版社,2020:69.

表 6-2　学科核心素养构成

学科核心素养	学科素养	"跨学科素养"
数学学科核心素养	数学抽象、数学建模、数学运算	逻辑推理、直观想象、数据分析
物理学科核心素养	物理观念	科学思维、科学探究、科学态度与责任
生物学科核心素养	生命观念	理性思维、科学探究、社会责任
化学学科核心素养	宏观辨识与微观探析、变化观念与平衡思想	证据推理与模型认知、科学探究与创新意识、科学态度与社会责任
语文学科核心素养	语言建构与运用	思维发展与提升、审美鉴赏与创造、文化传承与理解
英语学科核心素养	语言能力	思维品质、文化品格、学习能力
历史学科核心素养	历史解释、史料实证	唯物史观、时空观念、家国情怀

（2）中国学生发展核心素养和化学学科核心素养是相得益彰、相互促进的关系

各学科核心素养是学科育人价值的集中体现，也是学生发展核心素养的重要组成部分。哲学认识论一般包括实践认识层面、理性认识层面和精神价值层面。从方法论层面看，学生发展核心素养和化学学科核心素养之间的横向关系如图 6-3 所示：

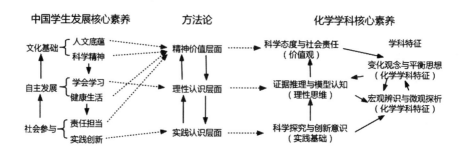

图 6-3　学生发展核心素养和化学学科核心素养之间的横向关系

学生发展核心素养和学科核心素养从内涵和外延来看，二者是互相包含、互相促进的关系。下面以化学学科核心素养为例来阐述。化学学科核心素养全面展现了化学课程学习对学生未来发展的重要价值。[①]科学探究与创新意识是化学核心素养的实践基础，激励学生要勇于实践创新；宏观辨识与微观探析、变化观念与平衡思想集中体现化学学科的特性，二者又与证据推理和模型认知紧密相连，三者共同体现化学学科的思维和方法。科学态度与社会责任体现化学学科核心素养的功能与价值。由此可见，化学学科核心素养的 5 个素养是有机融合为一体的。

从实践认识层面来说，化学学科核心素养中的科学探究与创新意识素养有以下几点要求：首先，科学探究是一种基本的科学实践活动。其次，引导学生认识到发现问题比解决问题更难更重要，我们应该善于从学习、生活中发现和提出有探究价值的问题；再次，能从解决实际问题出发，依据探究目的，进行科学假设，设计探究方案，灵活选用各种方法进行科学探究。最后，注重培养学生勤于实践、善于合作、勇于质疑，敢于创新的品质。这些与学生发展核心素养中的实践创新素养相对应，它要求学生在勤于实践、敢于创新方面有所表现，其具体构成包括劳动意识、问题解决和技术运用。[②]

从理性认识层面来说，化学学科核心素养中的宏观辨识与微观探析、变化观念与平衡思想、证据推理和模型认知三者共同体现化学学科的思维和方法。其中宏观辨识与微观探析素养要求培养学生运用宏观与微观结合、定性与定量相结合的基本方法，从不同视角认识物质的多样性，形成"物质结构决定性质"的基本化学观念，分析与解决实际问题。变化观念与平衡思想要求学生能从多视角、动态地分析物质变化，运用化学反应原理解决简单的实际问题。证据推理与模型认知要求学生可以构建认知模型，并能运用模型揭示物质或现象的本质与规律。这些都指向认知策略，与学生发展核心素养框

---

①　中华人民共和国教育部. 普通高中化学课程标准（2017 年版）[S]. 北京：人民教育出版社，2020：3.

②　核心素养研究课题组. 中国学生发展核心素[J]. 中国教育学刊，2016（10）：1—3.

架中学会学习素养和科学精神素养中理性思维的内涵相符。

从精神价值层面来说，化学学科核心素养提出科学态度与社会责任，这与学生发展核心素养中科学精神素养的内涵相符。化学学科核心素养中的科学态度与社会责任素养，要求学生深刻认识化学对创造美好生活、促进社会发展的巨大贡献，要求学生具有可持续发展意识，养成科学合理、绿色低碳的生活方式，这与学生发展核心素养中健康生活素养的内涵相符。化学学科核心素养中明确提出能从社会、生活、科技中与化学相关的热点问题出发，展开实践探究活动，引导学生作出正确的价值判断，这与学生发展核心素养中科学精神素养的内涵相符。由此可见，中国学生发展核心素养与化学学科核心素养从内涵和外延来看呈现出相互包含的关系，是一脉相承、相互促进的关系。

（3）抽象与具体的关系

从概念层级上来看，学生发展核心素养是党的教育方针总体要求的具体化与细化的概念，是从各学科中抽象、提炼出来的，包含各学科共同的核心素养，属于上位概念。学科核心素养是学生发展核心素养在各学科中的具体表现，属于下位概念。高中化学学科核心素养是高中学生发展核心素养的有机组成部分。换句话说，学生发展核心素养与化学学科核心素养是抽象与具体的关系。

从这个意义上来说，化学学科核心素养和学生发展核心素养是互为手段与目的。如果把落实核心素养作为目的，提升学科核心素养可作为手段；如果把学科核心素养培育作为目的，落实学生核心素养也可以作为手段。从某种程度上说，学科核心素养与学生发展核心素养也是互为因果的，它们之间手段与目的的关系可以依据实际而变化。

需要强调的是，通过学科教育提升学科核心素养是发展学生核心素养的重要途径，但不是发展学生核心素养的唯一路径，不能低估学科实践活动对发展学生核心素养的作用。立足于化学学科，又具有综合实践教育内核的化学学科实践活动课程，为培育学生化学学科素养和学生发展核心素养提供了很好的契机。我们可以看出，落实学科核心素养是学科教育的根本，我们只有提升学生的学科核心素养，才能落实学生发展核心素养。由此，我们要将"知识教育"转化为"由知识获得素养的教育"，有学者提出学科知识只是形成学科素养的载体，学科活动才是形成学科素养的渠道①。学科实践活动恰是将学科知识转化为学生素养的重要途径。

2. 化学课程标准与化学学科核心素养的关系

普通高中化学课程是衔接义务教育化学或科学课程的基础教育课程，是发展学生核心素养的重要手段。《普通高中化学课程标准》重视开展"素养为本"的教学，倡导基于化学学科核心素养的评价。②《普通高中化学课程标准》针对实际问题，构建"素养为本"的课程实施建议，提供基于主题的教学策略、学习活动和情境素材建议，提高对教学实践的具体指导性。在《普通高中化学课程标准》中，对 5 个方面的化学学科素养进一步划分出四级水平，便于教师在教学和评价中具体实施。

新课程标准进一步加强了实践教学，明确了实践育人具体要求，确保劳动教育要求落地；强调要注重初高中衔接，合理设计，保证学科内纵向有序衔接，学科间横向有机配合。化学学科实践活动课程承载着发展学生核心素养的根本任务。

（三）化学学科实践活动课程目标设定的技术路线

基于 STEAM 教育理念的化学学科实践活动课程设计秉持"核心素养是育人目标，真实问题情境是活动载体，学科知识体系和思想方法是关键基础，学习方式变革是实现途径"的基本理念③。化学学科实践活动课程由若干个项目（主题、单元或课程案例）组成，其目标从高到低分为三级，具体是课程

---

① 杨九诠. 学生发展核心素养三十人谈[M]. 上海：华东师范大学出版社，2019：18.
② 中华人民共和国教育部制定. 普通高中化学课程标准（2017 年版）[S]. 北京：人民教育出版社，2020：1—2.
③ 王祖浩. 教师指导（化学）[M]. 上海：上海教育出版社，2020：7（总序）.

目标、项目（主题、课程案例等）目标及课时目标。①

课程设计者在确定化学学科实践活动课程目标时，不仅要深入理解各层级目标的内涵，而且要确保各层级目标内在逻辑的一致性。确定基于 STEAM 教育理念的化学学科实践活动课程目标遵循"中国学生发展核心素养、化学学科核心素养与化学课程标准→化学学科实践活动课程目标→单元或项目教学目标→课时学习目标"的思路，如图 6-4 所示：

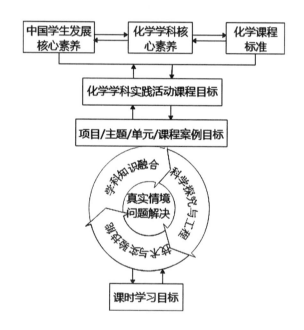

图 6-4 基于 STEAM 理念的化学学科实践活动课程目标确定的技术路线

首先，课程设计者根据中国学生发展核心素养、化学学科核心素养及化学课程标准确定化学学科实践活动课程目标。学生发展核心素养是各学科共同秉持的核心素养。在学科课程标准中，各学科专家根据学生发展核心素养的要求及本学科的特点凝练了本学科的核心素养，也就是说学科核心素养的

① 钟启泉,崔允漷.新课程的理论与创新[M].师范生读本.2 版.北京:高等教育出版社,2008:73. 引用时有适当修改。

构建源于学生发展核心素养。因此，中国学生发展核心素养、化学学科核心素养及化学课程标准是相互包含、相互促进的关系。

实践中，我们可以采用以下策略确定化学学科实践活动课程目标：（1）明晰所选择的学生发展核心素养的条目及含义，选择与之匹配的化学学科核心素养，接着研读化学课程标准获得大概念或核心问题，以确定课程目标。（2）从化学学科核心素养开始，确定学生发展核心素养后，再研读化学课程标准，确定大概念及核心问题进而明晰课程目标。（3）从化学课程标准开始，解读出大概念或核心问题，接着确定化学学科核心素养和学生发展核心素养，最后明晰课程目标。

其次，根据化学学科实践活动课程目标确定项目（或称主题、课程案例等）目标。每个项目围绕一个或若干个相关的真实情境问题解决展开，其目标与我们熟悉的单元目标相类似。每个项目目标从学科知识融合应用、科学探究与工程设计、技术与技能 3 个层面分析其 STEAM 要素：学科知识融合主要涉及学科间或学科内知识、原理等的整合与应用；科学探究与工程设计主要涉及科学、技术、工程的融合应用；技术与技能主要指化学实验技能与信息技术的运用；每个层面都或多或少地涉及数学与人文知识。从整体来看，真实情境问题解决需要融合科学、技术、工程、人文、数学多学科知识与技能。

最后，确定课时学习目标。教师可以从学科核心素养、关键能力和必备品格等视角确定课时目标。依据学生发展核心素养、化学学科核心素养及化学课程标准确定化学学科实践活动课程目标，然后确定各项目（主题、课程案例）目标，最后确定每节课的课时目标，这体现了抽象目标具体化的过程，实质上也体现了核心素养培育的路径。

《知水善用》课程旨在落实中国学生发展核心素养框架中，实践创新素养中的问题解决这个基本点。根据以上分析，确立以真实情境问题解决为明线，以落实学生化学学科核心素养、发展学生实践创新素养为暗线的课程目标。通过研究化学课程标准和化学新教材，确定在真实情境问题解决中构建大概念来落实课程目标。

《知水善用》课程中每个项目围绕真实情境或实际问题解决展开，其项目目标与我们熟悉的单元目标相类似。每个项目目标从学科知识融合应用、科学探究与工程设计、技术技能 3 个层面分析其 STEAM 要素。基于 STEAM 教育理念的化学学科实践活动课程可以从知识、能力、情感态度价值观 3 个层面理解科学、技术、工程、人文、数学的内涵，具体如表 6-3 所示：

表 6-3　基于 STEAM 教育理念的化学学科实践活动课程的 STEAM 要素分析

	科学（S）	技术（T）	工程（E）	人文（A）	数学（M）
知识	学习课标要求掌握的基本科学知识；获得初高中化学基本事实、概念、原理、规律等方面的基础知识	认识化学实践活动的方法和技能；理解基本的实验技能	认识科学探究、工程实践与问题解决的一般思路	认识化学中人文知识、化学史、生活中的化学、化学与社会、发展中的化学科学等	认识化学计算的一般思路与方法
能力	尝试建立化学与其他学科之间、化学内各学科之间的相互联系，运用综合多元的思维方式解决真实情境问题	能够利用信息技术（视频、动画、思维导图等知识可视化工具）进行科学知识的应用	以团队合作的方式进行设计、制作、优化与评价方案或作品	能积极关注并主动参与学科实践活动，对社会热点问题做出正确的价值判断	能够利用数据、图表、化学语言等工具解决实践活动中涉及的化学定量问题
情感态度价值观	树立尊重自然、崇尚科学的态度，形成辩证统一的世界观	体验实验、科学探究是基本的化学学科实践活动。不断掌握新技术	乐于探索，体验实践创新的价值，感悟创造的成就感与喜悦感	体会化学是自然科学的中心学科，感悟学习化学的价值、意义与方法	养成定性与定量相结合、宏观与微观相结合的思维习惯

我国中小学教育改革目前正处于攻坚阶段，提升学生实际问题解决能力是一大难题，学科实践活动课程是解决该难题的重要举措。

第二节　化学学科实践活动课程内容的选择与组织

在课程内容增加与教学时间有限的矛盾之下，如何从"素养本位""能力本位"出发对课程内容进行合理优化，成为课程改革的重要环节。2020 年修订的《普通高中化学课程标准》中首次提出了化学学科核心素养，强调"基于化学学科特点和核心素养内涵"的内容建构。新版课程标准更新了教学内容，突出化学基本观念（大概念）的统领作用，使课程内容结构化；以主题为引领，使课程内容情境化，更加强调提高学生综合运用知识解决实际问题的能力，促进学科核心素养的落实。

我们依据学生发展核心素养、化学学科核心素养和化学课程标准确定了化学学科实践活动课程的目标，课程内容是为实现课程目标而设计的全部内容。关于化学学科实践活动课程内容研究，我们围绕以下问题展开：如何选择课程内容？如何组织课程内容？为什么使用大概念（化学基本观念）组织课程内容？怎样提炼大概念？怎样建构大概念？

一、化学学科实践活动课程内容的选择

我们生活在一个知识爆炸的信息时代，据一位德国科学家估计："以目前的知识增长速度看，一个科学家，即使是夜以继日地学习，也只能阅览有关他自己这个专业的世界上全部出版物的 5%。"[①]而我们学生的学习时间和精力都是有限的，所以我们必须精心选择化学学科实践活动课程内容。

（一）课程内容选择的取向

课程与教学的关系历来是教育研究的主要论题，一般来说课程的外延要

---

① 施良方.课程理论——课程的基础、原理与问题[M].北京:教育科学出版社,2016:110.

大于教学。课程是宏观的概念，包括课程计划、课程标准、课程目标、课程内容、课程实施、课程评价、课程管理、课程资源等；而教学作为课程实施的重要途径，是一个微观的概念，与课堂教学、教学设计等具体的教学活动相关。

课程内容是从人类科学知识中选取出来的知识、经验和结构，具体表现为各门学科中的事实、观点、概念、原理、问题，以及处理它们的技能、方式方法和学生学习它们的经验和价值观念等。[1]化学学科实践活动课程是学科课程和活动课程的融合或整合，隶属于综合实践活动课程。课程内容的选择以课程目标为依据。化学学科实践活动课程内容就是依据课程目标，选择相适宜的概念、原理、问题、观点和事实，以及处理它们的方式。

课程内容大致有 3 种取向：课程内容即教材或学科知识、课程内容即学习活动或社会生活经验、课程内容即学习者的学习经验。辩证地认识这 3 种取向，有利于我们选择和组织化学学科实践活动课程的内容。

1. 课程内容即教材或学科知识

课程内容即教材或学科知识取向所形成的课程就是很多教育工作者熟悉的学科课程。其特点是注重各门学科知识的系统性，按照学科知识的内在逻辑进行组织，形成我们熟悉的教材，使得教学工作有据可依。同时，学科课程内容体现了社会意志，是先验的、既定的、静态的，其内容未必是学生感兴趣的，甚至有些内容从一定程度上说是凌驾于学生之上的。这就使得部分学生认为，学校教材并不是我们生活的必需品，"学习教材"成为学生对教师和家长的应付，"学习—记忆—考试—遗忘"自然也成了学生在学校经历的一般过程。正如杜威（J. Dewey）所说，"即使是用最合理的逻辑形式编制最科学的教材，如果以外加的和现成的形式提供给学生，也失去了这种优点"。[2]

2. 课程内容即学习活动或社会生活经验

课程内容即学习活动或社会生活经验取向注重课程与社会生活的联系，

---

① 董新良. 课程设计概论[M]. 太原：山西教育出版社，2012：80.

② 施良方. 课程理论——课程的基础、原理与问题[M]. 北京：教育科学出版社，2016：107.

其重心放在学生做什么上，强调学生外显的活动。著名的活动分析法，就是社会导向的课程设计方法，被人们认为是有效的、科学的课程编制技术。近代我国教育家陈鹤琴提出的"活教育"理论，提倡要到大自然、大社会中寻找"活教材"，即让学生在与自然和社会的直接接触中，在亲身观察中获取经验和知识。社会取向的课程内容强调学生外在的活动表现，我们无法探知学生是怎样内化课程内容的，也无法知道学生经验是怎样形成的，实质上偏离了学习的本质。

3. 课程内容即学习者的学习经验

课程内容即学习者的学习经验取向的代表有法国的卢梭、美国的杜威等，他们都将学习者的经验放在课程内容的核心地位。这种课程取向强调决定学习质量的是学生而不是教材；强调学生在课程设计中的主体地位，认为学生是一个主动的参与者，要尊重学生的差异性；强调学习者是知识文化和社会生活经验的创造者；教师要创设适合学情的各种情境。当然，这种课程取向的局限性也很明显：它强调课程内容处于不断形成的过程中，这极大地增加了课程及教师工作的难度，使得课程内容陷入永远不确定的模糊状态；它过分地强调学生的主体性，削弱了教师、课程专家、学科专家在课程中的重要作用，容易使得课程陷入混乱状态。

4. STEM 课程的跨学科整合取向

STEM 教育是时代发展的产物，是教育变革的结果。STEM 课程是实现 STEM 教育目标的具体路径。如何将科学、技术、工程、人文、数学等学科知识紧密关联实现整合，是 STEM 课程设计的核心问题。我国有学者从内涵上深入地剖析了 STEM 课程的跨学科整合的基本取向，即学科知识整合取向、生活经验整合取向、学习者中心整合取向，并提出了跨学科整合的项目设计模式，反映了现代教育的课程取向。[①]学科知识整合取向代表了课程的知识属性，强调将分散的学科知识按跨学科的问题逻辑形成有机联系和有机结构。

---

① 余圣泉,胡翔. STEM 教育理念与跨学科整合模式[M]. 开放教育研究,2015(8):17—18.

生活经验整合取向代表了课程的社会属性，这种整合取向是基于学习者的需求，以完成实践性的项目为目标，将跨学科知识的掌握、高阶思维能力的发展与学生实际生活联系起来。学习者中心整合取向代表了课程的人本属性，依据学生的生活经验创设适宜的教育环境，在建构性的环境设计中寻找各学科整合点；强调由学生个体或小组发现问题、提出问题、解决问题。

通过以上分析，我们可以看出，从整体上看 STEM 课程的跨学科知识整合取向与一般课程内容选择的 3 种取向一致，都是从学科、社会生活经验和学习者 3 个层面分析的。每种课程取向都有其合理内核，但也有其缺陷。所以，我们在选择化学学科实践活动课程内容时要辩证地处理好三者的关系，要同时兼顾学科体系、社会生活与学习活动、学生经验，选择相适宜的课程资源。

（二）化学学科实践活动课程内容的选择

我们可以从以下几个方面挖掘化学学科实践活动课程内容：

（1）依托学科以课程标准、教材、化学高考试题分析为线索挖掘化学学科实践活动课程内容

学科课程一直是我国教育中占据垄断地位的课程形式，基于 STEAM 理念的化学学科实践活动课程必须要融入学校整体课程，与学科课程形成优势互补、良性互动的格局。目前我国少数中小学有 STEAM 专职教师，通过融入、融合、融通等方式将 STEAM 课程与现行的必修课程有效关联，多以学科内容为线索来建构 STEAM 课程内容。另外，我们也可以从已有课程内容出发衍生真实问题，构建基于 STEAM 教育理念的化学学科实践活动课程内容，实现与现实世界关联。基于学校已有课程构建化学学科实践活动课程内容是一种重要途径。

（2）基于中华优秀传统文化挖掘化学学科实践活动课程内容

习近平总书记提出的"四个自信"中，道路自信、理论自信和制度自信起源于文化自信。这意味着基于 STEAM 教育理念的化学学科实践活动课程的本土化实践要求我们必须正本清源、守正创新。中华优秀传统文化涉及的内

容多元且不可分割，需要指导学生进行跨学科学习，这与 STEAM 教育的跨学科理念相契合。

中华优秀传统文化中凝结着中华民族的智慧。国外科学史家李约瑟曾说过，"古代中国在 15 世纪之前的科学技术水平远超同时代的西方国家，在诸多科技发明中，至少有 200 多项促进了当时整个世界的发展"。我们可以从中挖掘与化学紧密相关的优秀传统科技文化设计化学学科实践活动，比如学生在亲历造纸的过程中，不仅可以学习丰富的科技文化知识，还可以让学生亲身体会中华传统文化之所以源远流长是因为我国古代劳动人民秉承"扬弃继承与转化创新"的理念，同时也能让学生感受中国传统文化的魅力与古代劳动人民的智慧，增进学生对我国优秀传统文化的理解和认同，促进中华优秀传统文化的传承与创新，这正是发展学生核心素养，尤其是提升学生实践创新能力的最佳途径。李时珍尝百草、酿酒等都可以作为化学学科实践活动课程的内容。

(3) 依托综合实践活动、科技、社团课挖掘化学学科实践活动课程内容

我国中小学综合实践活动课程指导纲要中明确指出"创意物化"是一项重要的课程目标，提出"设计制作"是该课程的主要活动方式和关键要素，并在附录中推荐了大量具有 STEAM 教育性质的活动主题，我们可以选择以化学学科为基础的主题设计化学学科实践活动课程。我们也可以从科学课程、科技活动和各类科技竞赛中挖掘课程内容，基于科学情境、生活情境、社会情境，巧妙结合科学、技术、工程、人文和数学。

二、化学学科实践活动课程内容的组织

从化学教学实践来看，知识学习与实践应用分离是普遍存在的问题，具体表现在：学科知识碎片化，学生缺乏自主构建知识体系的能力；常规课堂中学科知识教学缺乏情境性，学生难以迁移应用从而灵活地应对真实生活。从 STEM 课程实践来看，学科知识整合取向、生活经验整合取向、学习者中心整合取向是 STEM 课程跨学科整合的基本取向。知识情境化和社会化是以

上 3 种 STEM 课程跨学科整合取向的优势，但各学科原有知识体系结构的劣构化是它们面对的共性问题，容易造成学生学习知识结构的不均衡。[①]然而学习者良好的知识结构是真实情境问题解决和实践创新的基础。

核心素养时代，如何统整课程与教学内容来发展学生素养？理论研究者和实践教育者都不约而同地聚焦"大概念"或"大观念"（英文为 Big ideas or concepts）上。中国、美国、加拿大、新加坡、澳大利亚等许多国家的课程标准中都强调大概念，在措辞上除大概念外，还有大观念、基本观念、基本概念、关键概念、横切概念、主要概念等。因此，本研究基于大概念组织化学学科实践活动课程内容。课程设计者需要站在大概念、化学基本观念的高度，梳理概念体系及核心知识，选择恰当的真实情境问题和教学方式，引领学生形成大概念（化学基本观念）及能够迁移应用的知识体系。

（一）大概念的内涵

在教育领域，关于大概念的研究可以追溯至美国布鲁纳（Bruner.J.S）对于教育过程的研究，他强调教学的最终目标是促进学生对学科结构的理解，这不仅有助于学生牢固地记忆学科知识，而且有助于学习的迁移，解决课堂内外遇到的各类问题。[②]之后，很多学者从不同视角对大概念进行了研究。

关于大概念的内涵，目前学术界引用较多的是"大概念的表现形式有多种，通常表现为一个有用的概念、主题、有争议的结论或观点、反论、理论、基本假设、反复出现的问题、理解或原则"[③]。大概念是指在具体事实基础上抽象提炼出来的最能代表学科本质和基本结构的，具有中心性、持久性和迁移性的化学基本观念。

---

① 余圣泉,胡翔. STEM 教育理念与跨学科整合模式[M].开放教育研究,2015(8):17—18.
② Bruner J S, Lufburrow R A. *The Process of Education*[M]. Harvard University Press, 1960:32.
③ ［美］格兰特·威金斯,［美］杰伊·麦克泰格.追求理解的教学设计[M].上海:华东师范大学出版社,2017(3):77.

（二）利用"大概念"统整化学学科实践活动课程内容的原因分析

1. 大概念促进学生核心素养的发展

大概念在学科核心素养的落实中体现出重要价值，这在国内外的理论与实践领域已达成共识。我国《普通高中化学课程标准 2017 年版（2020 年修订）》首次使用大概念，明确指出以学科大概念为核心促进学科核心素养的落实。大概念是将素养落实到具体教学中的锚点，是学科核心素养指向课程单元的设计核心，提出素养导向下，围绕大概念的单元整体教学构型。①同时大概念是实现学生与学科核心素养有效对接的最佳选择。②我们一贯强调的化学基本观念就是化学学科大概念，最能代表化学学科本质和基本结构。选取大概念，有利于知识结构化和功能化，有利于知识的迁移应用，是知识转化为素养的关键。③

2. 利用大概念帮助学生构建可迁移应用的知识体系

大概念是构建知识网络的一种重要工具。学生根据大概念可以将学到的概念、原理、过程、方法、事实间建立联系，使学生感到自己所经历的一切教学活动都与大概念有关，减少了必须记住的内容数量，也使教师从必要的内容中分离出不必要的细节，选取恰当的有意义的活动，并将其组织成一个整体，这有利于提升学生的知识应用与迁移能力。

教师使用大概念进行教学，能够帮助学生构建知识体系，提高学生解决实际问题的能力。④使用大概念进行概念联结是有效解决问题的关键。⑤具体

① 刘徽."大概念"视角下的单元整体教学构型——兼论素养导向的课堂变革［J］. 教育研究，2020(6)：46.
② 李刚，吕立杰. 大概念课程设计：指向学科核心素养落实的课程架构［J］. 教育发展研，2018：15—16.
③ 王磊 魏锐. 学科核心素养发展导向的高中化学课程内容和学业要求［J］. 化学教育，2018(39)9：48.
④ Royer J M, Cable G W. *Illustrations, Analogies, and Facilitative Transfer in Prose Learning*［J］. Journal of Educational Psychology, 1976, 68(2):205—209.
⑤ Atweh B, Goos M. *The Australian Mathematics Curriculum: A Move Forward or Back to the Future?*［J］. Australian Journal of Education, 2011, 55(30):214—228.

到化学学科领域，大概念能够将化学中琐碎、零散的知识纵向或横向联结起来，形成知识网络，形成知识、概念、理论间的联结通路，以适应学生解决实际问题的需要。有学者探讨化学学科核心素养导向的大概念单元教学，并且以大概念（化学实验体系三要素）为统领建立具体实验内容间的内在联系，阐述了以大概念为统领的化学实验单元教学策略。①国外有学者以化学学科为例，从化学知识、化学史和化学社会学 3 个视角分析了化学大概念对化学学科内容的固定作用。②通过大概念建构的知识网络能够帮助学生应对实际生活、现实社会等多方面的挑战。

3. 大概念有助于联结真实情境或主要问题

"大概念能够有效组织零碎的知识与技能并将其应用到具体的情境中，改变了以往僵硬固化的知识形态，有助于能力的情境化迁移"。③在我们的实际生活中，问题往往都是复杂的、跨学科的，在真实情境中形成的大概念有利于促进学生形成能够灵活取用的知识联结网络，帮助学生应对生活、社会、自然中的各种条件，依据不同的情境或事务进行适应性地转化。教师使用大概念进行教学，能够帮助学生理解知识间的关联，提高学生应用所学知识解决实际问题的能力。④

我们可以从认识论、学习论和价值论 3 个视角来认识大概念的功能：从认识论上来看，大概念能够促进学生对化学知识本质性的理解，形成基本观念；从学习论上来说，我们在实际生活中遇到的问题往往都是复杂的、跨学科的，大概念能够使琐碎、零散的知识发生纵向、横向的联结，形成动态的能够迁移应用的知识网络，以适应真实情境问题的解决。从价值论上来看，

① 何彩霞. 学科大概念与化学实验单元教学[J]. 基础教育课程, 2018: 26.

② Jong OD, Talanquer V. *Why is it Relevant to Learn the Big Ideas in Chemistry at School?* [M]. Relevant Chemistry Education. Sense Publishers, 2015: 11—31.

③ 李刚，吕立杰. 大概念课程设计: 指向学科核心素养落实的课程架构 [J]. 教育发展研究，2019: 39.

④ Royer J M, Cable G W. *Illustrations, Analogies, and Facilitative Transfer in Prose Learning*[J]. Journal of Educational Psychology, 1976, 68(2): 205—209.

大概念承载着提升学生素养的重要功能。如有学者提出了一种把握素养的方法论，即在与活动的关联中形成、发展和显现素养。①

三、化学学科实践活动课程中大概念的提炼与建构

（一）大概念的提炼与建构

化学学科实践活动课程要突出大概念的统领作用，并不是把大概念直接教给学生，而是站在大概念的高度，梳理概念体系，选择恰当的真实问题情境和教学方式，帮助学生建构大概念。

国内有学者通过"前概念—新概念—大概念"不断迭代发展的路径，引导学生建构以大概念为目的的概念体系，并以《水能溶解一些物质》为例提出了"金字塔层级"的概念建构图，即小概念（基础知识、基本技能）到大概念（从下到上是学科视角、核心概念到跨学科主题再到哲学观点）的建构进程。②大概念建构的"洋葱层级"模式，即从里到外依次是学科"大概念"和核心任务、需要掌握和完成的知识内容、需要指导的知识内容。③实践中还有围绕大概念的"滚雪球式"教学模式。④国内有学者以大概念"化学实验体系三要素"为统领组织初中化学有关气体的实验内容，通过概括抽象、结构细化、类比关联把握知识间的纵横关系，从单一典型实验、跨越章节的整合实验、立足学段的整合实验等角度分析了单元的层次以及大概念学习目标进阶，阐述了以大概念为统领的化学实验单元教学策略。⑤

① 陈佑清.在与活动的关联中理解素养问题[J].教育研究,2019(6):12.
② 胡善义.以大概念的理念建构科学概念的教学研究——以《溶解》单元为例 [J].教育导刊,2018(03):72—76.
③ 王喜斌.学科"大概念"的内涵、意义及获取途径[J].教学与管理,2018(24):86—88.
④ 刘徽."大概念"视角下的单元整体教学构型——兼论素养导向的课堂变革 [J].教育研究,2020,41(06):64—77.
⑤ 何彩霞.学科大概念与化学实验单元教学[J].基础教育课程,2018(4):15—16.

　　本研究提出化学学科实践活动中提炼与建构大概念的思路，如图 6-5 所示：

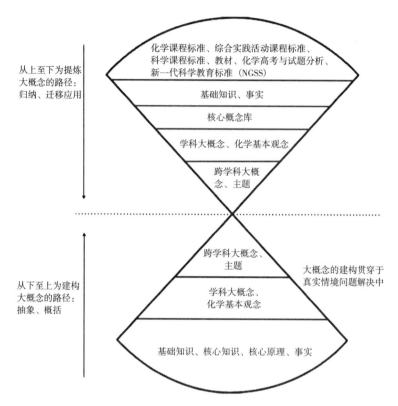

图 6-5　化学学科实践活动中大概念的提炼与建构思路

　　从上至下为提炼大概念的路径，我们可以从化学课程标准、综合实践活动课程标准、科学课程标准、教材、化学高考与试题分析中提炼大概念。具体来说，一种方式是沿着基础知识、事实→核心概念→学科大概念→跨学科大概念、主题的路径逐步归纳大概念；另一种方式是从这些官方文件或资料中直接提取大概念进行迁移应用。化学课程标准中每个主题的学习内容标准中第一条基本都是本主题具有统摄作用的大概念。我国《义务教育科学课程标准（2022 年版）》中明确规定了，物质与能量、结构与功能、系统与模型、稳定与变化 4 个跨学科大概念及 13 个学科核心概念。《美国新一代科学课程标准》（NGSS）明确规定了跨学科大概念：模式；原因与结果；尺度、比例

和数量；系统与系统模型；系统中的能量与物质；结构与功能；系统中稳定
与变化；科学、工程与技术的相互依存；工程、技术和科学对社会和自然界
的影响。①

　　从下至上为建构大概念的路径，并不是直接告知学生大概念，而是将
大概念的建构贯穿于真实情境问题解决中，引导学生按照基础知识、事实
→核心概念→学科大概念→跨学科大概念、主题的思路逐步抽象、概括出
大概念。

（二）大概念的提炼与化学学科实践活动课程内容的选择

　　研究化学课程标准对学习内容的相关要求是确定学科大概念的基本路径。
化学学科实践活动课程内容的选择可以打通化学学科各个模块，根据《义务教
育化学课程标准》和《普通高中化学课程标准 2017 年版（2020 年修订）》，
选择化学学科实践活动课程内容的主题和大概念。

1. 依据课程标准确定大概念，选择课程内容

　　我们可以从化学课程标准中提取大概念，选择化学学科实践活动课程内
容。值得我们注意的是，在化学课程标准中通常用"化学基本观念"来表述
"大概念"。

　　（1）依据义务教育化学课程标准选择课程内容

　　关于化学学科实践活动课程内容的选择，我们要仔细研究义务教育化学
课程标准中的以下要求：强调运用化学、技术、工程融合解决跨学科实际问
题；通过实践活动，初步形成元素观、微粒观、变化观等化学观念，掌握利
用科学探究解决问题的思路和方法；体会有效使用科学技术，以及协同创新
解决问题的重要性。上面提到的元素观、微粒观、变化观都是化学基本观念
（即大概念）。

　　义务教育化学课程方案中强调，在教学中创设以实验为主的科学探究活

①　美国科学教育标准制定委员会.美国新一代科学课程标准[S].叶兆宁、杨元魁、周建中,译.北京:中国科学技术出版社 2020:XIX.

动，同时明确指出学生必做实验及实践活动。在学习主题 5 中，围绕学生核心素养的培育，设计了 9 个跨学科学习（实践）活动主题，分别是：基于碳中和理念设计低碳行动方案；基于特定需求设计和制作供氧器；制作微型空气质量检测站；水质监测及自制净水器；垃圾分类与回收利用；探究土壤酸碱性对植物生长的影响；制作模型并展示科学家探索物质组成与结构的历程；调查家用燃料的变迁与合理使用；海洋资源的综合利用。

2. 根据《普通高中化学课程标准》提炼大概念，选择课程内容

《普通高中化学课程标准 2017 年版（2020 年修订）》借鉴了国际科学课程标准编制的经验，以主题的形式规定学习内容，同时也明确了表现性评价的学业要求。课程标准中每个主题学习内容标准的第一条是本主题具有统摄性的大概念，也就是通常我们所说的化学基本观念；中间若干条是本主题的核心概念及核心知识；然后是该主题的 STSE 内容；最后则是该主题的学生必做实验。[①]课程标准中每个主题的教学提示中都有教学策略、学习活动建议和情境素材建议，为我们设计化学学科实践活动课程提供了丰富、科学的内容素材。我们可以从《普通高中化学课程标准》中提炼大概念，选择真实情境，设计化学学科实践活动课程内容。

（1）普通高中化学必修课程与选择性必修课程中的大概念

本研究梳理了《普通高中化学课程标准》中的大概念及可供参考的主题等相关素材，我们在设计化学学科实践活动课程时可以根据课程目标灵活选用。在进行化学学科实践活动课程设计时，我们可以将学生必做实验巧妙地融入到基于真实情境问题解决的学科实践活动中。普通高中化学必修课程与选择性必修课程中的主题、大概念、核心知识及学生必做实验，如表 6-4 所示：

---

① 王磊, 魏锐. 学科核心素养发展导向的高中化学课程内容和学业要求[J]. 化学教育(中英文), 2018(39) 9:49.

表 6–4　普通高中化学必修课程与选择性必修课程中的大概念、核心知识及学生必做实验

课程类型	大概念或主题	重要概念及核心知识	学生必做实验
必修 1 与必修 2	主题 1：化学科学与实验探究	化学是在原子、分子水平上研究物质组成、结构、性质、转化及其应用的一门基础学科；科学探究及其常用方法；化学实验	配制一定物质的量浓度的溶液
	主题 2：常见的无机物及其应用	元素及物质、氧化还原反应、电离与离子反应、金属及其化合物、非金属及其化合物、物质性质及转化的价值	铁及其化合物的性质；不同价态含硫物质的转化；用化学沉淀法去除粗盐中的杂质离子
	主题 3：物质结构基础与化学反应规律	原子结构与元素周期律；化学键、化学反应的限度、化学反应与能量	同周期、同主族元素性质的递变；化学反应速率的影响因素；化学能转化成电能
	主题 4：简单的有机化合物及其应用	有机化合物的结构特点："组成与结构决定性质"；典型有机化合物的性质；官能团与性质的关系；有机反应类型；有机化学研究的价值	搭建球棍模型认识有机化合物分子结构的特点；乙醇、乙酸的主要性质
	主题 5：化学与社会发展	化学促进可持续发展、STSE、科学与技术合理使用；化学在材料、健康、自然资源、环境保护、能源综合利用中的重要作用；安全与规则意识	
选择性必修 1（化学反应原理）	主题 1：化学反应与能量	化学反应与热能、电能	简单的电镀实验；制作简单的燃料电池
	主题 2：化学反应的方向、限度和速率	化学反应速率、化学反应的调控	探究影响化学平衡移动的因素

续表

课程类型	大概念或主题	重要概念及核心知识	学生必做实验
选择性必修1（化学反应原理）	主题 3：水溶液中的离子反应与平衡	电解质在水溶液中的行为：电离平衡、水解平衡、沉淀溶解平衡、离子反应与平衡的应用	强酸与强碱的中和滴定；盐类水解的应用
选择性必修 2（物质结构与性质）	主题 1：原子结构与元素性质	原子核外电子的运动状态：核外电子排布规律、核外电子排布与元素周期律（表）	
	主题 2：微粒间的相互作用与物质的性质	微粒间的相互作用：共价键的本质和特征、分子的空间结构、晶体和聚集状态	简单配合物的制备
	主题 3：研究物质结构的方法和价值	物质结构：（1）可以借助原子光谱、分子光谱、晶体 X 射线衍射、实验手段等研究物质结构；（2）建立物质结构模型；（3）研究物质结构的价值	
选择性必修 3（有机化学基础）	主题 1：有机化合物的组成和结构	有机化合物的分子结构："组成、结构决定性质"的基本观念，形成基于官能团、化学键与反应类型认识有机化合物的一般思路；了解测定有机化合物结构、探究性质、设计合成路线的相关知识；有机化合物中的官能团、化学键	
	主题 2：烃及其衍生物的性质与应用	烃的性质与应用；烃的衍生物的性质与应用；有机反应类型与有机合成；有机化合物的安全使用	乙酸乙酯的制备与性质
	主题 3：生物大分子及合成高分子	聚合物的结构特点、生物大分子、合成高分子	糖类的性质

（2）普通高中化学选修课程中的大概念及课程内容素材

《普通高中化学课程标准》鼓励教师开展实践活动和项目式学习活动，提倡开展学科内综合和跨学科综合的实践活动。[①]化学学科常见的实践活动形式有：综合实验探究、专题调查、参观访问、科普宣讲、专家讲座、专题论坛、文献研讨、读书报告等。化学学科实践活动课程可以根据实际情况使用多种方式组合开展。《普通高中化学课程标准》中的选修课程部分，为我们设计化学学科实践活动课程提供了可借鉴的思路和内容素材，如表 6-5 所示：

表 6-5　《普通高中化学课程标准》选修课程中的主题及大概念

系列	主题	大概念或主题	供参考的课题
实验化学	基础实验	物质性质及反应规律	生活中常见物质的性质研究、有害气体的制备与性质、实验的绿色化设计、水溶液离子平衡的探究等
		物质的制备	硫酸亚铁铵的制备、胶体的制备与性质、乙酸乙酯制备反应条件的探究等
		物质分离与提纯	海水的蒸馏、硝酸钾粗品的提纯、粗食盐水的纯化等
		物质的检验	亚硝酸盐和食盐的鉴别、加碘盐的检验、食醋总酸量的测定、阿司匹林药片中有效成分的检验
	化学原理探究	化学核心概念或基本原理	阿伏伽德罗常数的测定、配位平衡的研究与平衡常数测定、反应条件对化学平衡的影响、硫代硫酸钠与酸反应速率的影响因素等
		当代化学科学研究成果	振荡反应的探究、纳米材料的制备与性质探究、离子液体的制备等
		借助化学软件、实物模型探究	利用有关软件绘制分子的空间结构和分子轨道图形、模拟分子的各种图谱等

---

① 中华人民共和国教育部.普通高中化学课程标准（2017 年版）[S].北京：人民教育出版社，2020:53.

续表

系列	主题	大概念或主题	供参考的课题
实验化学	化工生产模拟实验	真实化工生产	纯碱的制备、氨氧化法制硝酸
		化工生产模拟	粮食酿酒、电解熔融盐制备金属、肥皂的制备、化妆品的制备、聚合物的制备等
	STSE（科学、技术、社会、环境）综合实验	围绕资源、能源、环境等	用比色法测定水样中的某项指标；空气中二氧化硫、甲醛等污染物浓度的检测；电浮选凝聚法等污水处理技术
		围绕材料开展性能、生产、设计	光伏材料的性能研究、液晶显示材料的应用探究、离子交换膜、反渗透膜等高分子膜的应用探究
		生命健康、食品、天然药物、化妆品等	菠菜中的色素、茶叶中的咖啡因等成分的提取、比色法测定补铁剂中铁的含量、啤酒中酒精含量的测定、阿司匹林的合成、抑酸剂抗酸容量的探究
化学与社会	化学与生活	化学与健康	通过"摄取益于健康的食物"主题学习活动，认识科学饮食与身体健康的关系，如通过实例了解某些药物的主要成分和疗效
		生活中的材料	生活中常用材料（如装修材料、金属材料及新型合金、高分子材料等）的组成、性能、重要作用及利弊等。
		化学与环境保护	保护生存环境、合理利用化学能源、正确使用化学品等主题学习活动
	化学与技术	化学与资源开发利用	围绕空气资源、海水资源、矿山资源、生物资源等的开发利用开展主题学习活动
		化学与材料的制造、应用	无机材料、有机功能高分子材料等的制造与应用

续表

系列	主题	大概念或主题	供参考的课题
化学与社会	STSE 综合实践	化学与工农业生产	氨的合成、农产品的化学加工、精细化工产品的获得等
		调查	矿泉水中微量元素及其作用；食品添加剂、染发剂、烫发剂等对人体健康的影响；当地污水处理与排放情况；田间焚烧秸秆的危害；当地生活垃圾、固体废弃物等的处理与防治等
		参观	参观化工厂、理工类博物馆等，撰写考察报告；参观金属材料、无机非金属材料或高分子材料的生产、加工企业（或者观看相关影像资料）撰写科技论文
发展中的化学科学	化学科学研究进展	合成化学、催化化学、界面化学、理论与计算化学、化学测量等	从简单易得的原料到目标功能分子的高效绿色合成；原子经济、绿色可持续和精准可控的合成方法与技术；特定功能导向的新分子、新物质和新材料的创造；催化研究的新理论、新方法；公共安全预警、甄别与溯源
	作为交叉学科的化学	材料化学、结构化学、环境化学、生物化学、能源化学、高分子与超分子化学、纳米化学	碳材料、药物载体与组织工程材料、能量存储与转换材料、自修复材料等新型材料；分子吸附、组装、活化与反应；形成有机、无机或杂化体系的空间有序结构的作用力；团簇、大分子、超分子和纳米结构的精确构筑和调控；复杂环境介质中污染物的表征与分析；雾霾形成机制与健康风险；水和土壤污染过程控制与修复；燃料电池、二次电池和超级电容器等电化学能量存储与转化系统集成；高效太阳能电池的光电转化过程；生物大分子的合成、操纵与化学干预；重大疫病治疗的药物先导发现和靶点识别
	化学工程	现代化学工程、物质转化工艺	催化剂工程、膜分离工程、复杂体系化工基础数据的测量与建模

（二）依据化学教材提炼大概念，选择课程内容

教材虽不是唯一的课程资源，但教材却是最基本、最活跃、教师最熟悉的课程资源。我们一线教师需要全面了解教材体系，用好教材开发化学学科实践活动课程资源。

1. 依据鲁科版化学教材提炼大概念，选择课程内容

项目式学习是 STEAM 教育的基本教学形式。《初中化学项目式学习实验教材》是典型的初中化学项目式学习资料，主要有 8 个项目，其项目名称及对应的主题（或学科大概念）是：探索燃烧的奥秘——物质的变化；从自然界中的盐到餐桌上的食盐——混合物与纯净物；构建微观模型——物质的组成与结构；低碳行动——物质的性质与转化；合理使用金属制品——金属的性质；制作制氧机——化学反应的定量研究；土壤改良——酸、碱、盐的性质与转化；厨房优化计划——化学与生活。①

目前，我国现行的高中化学教材有人教版、鲁科版、苏教版 3 个版本，每个版本各具特色，其中鲁科版化学教材的最大亮点是每一章后面附有一个微项目，这为我们设计基于 STEAM 理念的化学学科实践活动课程提供了很好的素材。下面梳理了鲁科版普通高中化学教材中的微项目，表中的章节标题实质上就是本章的大概念，我们常称之为"化学基本观念"或"主题"；表中的微项目为我们设计化学学科实践活动课程提供了可直接借鉴使用的项目式学习资源。鲁科版普通高中化学教材中化学学科实践活动素材如表 6–6 所示：

---

① 王磊,魏锐,胡久华.初中化学项目式学习实验教材[M].太原:山西教育出版社,2019:1—2.

表 6-6　鲁科版普通高中化学教材中化学学科实践活动素材

课程类别	章节 / 大概念	微项目及主题
必修 1	第 1 章 认识化学科学	探秘膨松剂——体会研究物质性质的方法和程序的实用价值（认识化学科学）
	第 2 章 元素与物质世界	科学使用含氯消毒剂——运用氧化还原反应原理解决实际问题
	第 3 章 物质的性质与转化	论证重污染天气"汽车限行"的合理性——探讨社会性科学议题
必修 2	第 1 章 原子结构 元素周期律	海带提碘与海水提溴——体验元素性质递变规律的实际应用
	第 2 章 化学键 化学反应规律	研究车用燃料及安全气囊——利用化学反应解决实际问题
	第 3 章 简单的有机化合物	自制米酒——领略我国传统酿造工艺的魅力
选择性必修 1（化学反应原理）	第 1 章 化学反应与能量转化	设计载人航天器用化学电池与氧气再生方案——化学反应中能量及物质的转化利用
	第 2 章 化学反应的方向、限度与速率	探讨如何利用工业废气中的二氧化碳合成甲醇——化学反应选择与反应条件优化
	第 3 章 物质在水溶液中的行为	探秘索尔维制碱法和侯氏制碱法——化学平衡思想的创造性应用。
选择性必修 2（物质结构与性质）	第 1 章 原子结构与元素性质	甲醛的危害与去除——利用电负性分析与预测物质性质
	第 2 章 微粒间的相互作用与物质性质	补铁剂中铁元素的检验——应用配合物进行物质检验
	第 3 章 不同聚集状态的物质与性质	青蒿素分子的结构测定——晶体在分子结构测定中的应用
选择性必修 3（有机化学基础）	第 1 章 有机化合物的结构与性质 烃	模拟和表征有机化合物分子结构——基于模型和图谱的探索
	第 2 章 官能团与有机化学反应烃的衍生物	探秘神奇的医用胶——有机化学反应的创造性应用
	第 3 章 有机合成及其应用 合成高分子化合物	改进手机电池中的离子导体材料——有机合成在新型材料研发中的应用

2. 依据苏教版化学教材提炼大概念，选择课程内容

实验是化学学科实践活动课程最典型的一种实践形式。我国著名化学家傅鹰先生曾说过："化学是实验的科学，只有实验才是最高的法庭。"著名化学家戴安邦教授生前反复强调："加强实验，无论如何都不过分。"苏教版普通高中化学教材中，最大的亮点是选修 6《实验化学》教材，为我们提供了 7 个专题（大概念或化学基本观念），16 个课题，20 个拓展课题，如表6-7 所示：

表 6-7　苏教版高中化学教材中化学学科实践活动素材

专题 / 大概念	课题	拓展课题
物质的分离与提纯	海带中碘元素的分离及检验	茶叶中某些元素的鉴定
	用纸层析法分离铁离子和铜离子	菠菜叶绿体中色素的提取和分离
		用粉笔进行层析分离
	硝酸钾晶体的制备	粗盐提纯
物质性质的探究	铝及其化合物的性质	铝热反应
	乙醇和苯酚的性质	苯酚与甲醛的反应
物质的检验与鉴别	牙膏和火柴头中某些成分的检验	新装修居室内空气中甲醛浓度的检测
		汽车尾气成分的检验
	亚硝酸钠和食盐的鉴别	真假碘盐的鉴别
化学反应条件的控制	硫代硫酸钠与酸反应速率的影响因素	"蓝瓶子"实验
	催化剂对过氧化氢分解反应速率的影响	过氧化氢酶的催化作用
		蔗糖的燃烧
	反应条件对化学平衡的影响	淀粉与碘显色现象的探究
		压强对化学平衡的影响
电化学问题研究	原电池	干电池模拟实验
	电解与电镀	阿伏伽德罗常数的测定

续表

专题 / 大概念	课题	拓展课题
物质的定量分析	食醋总酸含量的测定	配制并标定氢氧化钠溶液
	镀锌铁皮镀层厚度的测定	水果中维生素 C 含量的测定
物质的制备与合成	硫酸亚铁铵的制备	用制氢废液制备硫酸锌晶体
	阿司匹林的合成	对氨基苯磺酸的合成

3. 依据人教版化学教材提炼大概念，选择课程内容

人教版普通高中化学教材中设置有实验活动、科学史话、科学·技术·社会、化学与职业、研究与实践、练习与应用、信息搜索、资料卡片等栏目，为我们设计学科实践活动课程提供了丰富的素材。下面梳理了人教版普通高中化学教材中的化学学科实践活动素材，我们可以从化学课程标准中相应内容标准中提炼大概念，从"探究栏目""研究与实践栏目"及"化学与职业"中挖掘化学学科实践活动主题及素材，如表 6-8：

表 6-8　人教版普通高中化学教材中化学学科实践活动素材

教材	探究栏目	研究与实践栏目	化学与职业
必修 1	钠与水的反应；利用覆铜板制作图案；碱金属化学性质的比较；第三周期元素性质的递变	了解纯碱的生产历史；检验食品中的铁元素；认识元素周期表	化学科研工作者、水质检验员、测试工程师、科技考古研究人员
必修 2	不同价态含硫物质的转化；简易电池的设计与制作；影响化学反应速率的因素；烃的分子结构	测定雨水的 PH、了解车用能源、了解食品中的有机化合物、豆腐的制作	化工工程师、电池研发人员、营养师、环境保护工程师
选择性必修 1（化学反应原理）	中和反应反应热的测定；定性与定量研究影响化学反应速率的因素；盐溶液的酸碱性；反应条件对 $FeCl_3$ 水解平衡的影响	了解火箭推进剂；了解汽车尾气的治理；了解水处理过程中的化学原理；暖贴的设计与制作	

续表

教材	探究栏目	研究与实践栏目	化学与职业
选择性必修 3（有机化学基础）	重结晶法提纯苯甲酸；乙炔的化学性质；烷烃的化学性质；羧酸的酸性；乙酸乙酯的水解；糖类的还原性；高吸水性树脂的吸水性能	乙烯的生产和应用；自制肥皂；大豆资源的开发和利用；海水淡化	

以上这些都为我们设计化学学科实践活动提供了经专家论证的权威的内容，为我们提供了化学学科实践活动课程的主题与课程内容资源。我们可以从中提炼相应的大概念、化学基本观念及相关知识。

（三）依据高考评价体系及化学高考试题分析，提炼大概念，选择课程内容

我们设计化学学科实践活动课程必须遵循中国高考评价体系提出的明确目标和基本要求。下面总结了我国高考化学试题常考的 15 个专题及相应的必备知识、关键能力和学科素养，有助于我们在设计化学学科实践活动课程时提炼大概念，选择课程内容，如表 6-9。表中有的专题名称直接表明了此类专题指向的大概念，我们也可以从必备知识栏目提炼大概念。

表 6-9　高考化学试题常考的专题

专题或大概念	必备知识	关键能力	学科素养
化学与 STSE、传统文化	涉及生活、生产、传统文化中的化学，考查化学语言与概述、物质转化与应用	主要是对物质组成和分类等基础知识的理解与辨析；对物质结构、性质的分析与推测	主要体现在微粒观、变化观上，体现"位—构—性"的学科思想
常用化学计量	常见的有阿伏伽德罗常数的应用、微观量相对大小的判断	要求学生排除干扰、抓住本质、灵活应用、解决问题	主要体现在微粒观、变化观上。体现"宏微符"3 种表征

续表

专题或大概念	必备知识	关键能力	学科素养
化学物质及其变化	主要是离子方程式、化学方程式正误的判断和氧化还原反应类型的判断	要求掌握元素化合物的基本性质	主要包括微粒观和基于证据的推理，体现"宏微符"3 种表征
元素及其化合物	以物质制备、工艺流程为载体考查物质转化与应用、反应变化与规律、实验原理与操作	要求掌握元素化合物的基本性质，能够根据工艺流程分析元素的变化过程，根据物质的性质判断每步反应的产物	侧重体现化学在工业生产中的创新与重要应用。
物质结构与性质	"位—构—性"的综合考查有两种：（1）纯文字的推断与分析；（2）"文字＋图示"的推断与分析。原子晶体、分子晶体结构与性质的判断	利用题目所给信息推断元素，分析物质结构与性质，利用元素周期律判断强弱或大小关系等	主要包括微粒观和基于证据的推理
有机化学基础知识	生活中有机化合物的组成、结构、性质及综合应用	主要是通过分析结构推测该有机化合物的物理性质、化学性质及原子的空间相对位置等	侧重于化学观念和思维方法
化学实验基础	化学实验常识及基本操作；物质的检验、分离和提纯；实验方案的评价；物质制备和性质验证	侧重于分析与推测、探究与创新能力	侧重于思维方法和实践探索
反应机理的分析	反应过程中的物质变化、能量变化、微粒变化	要求能够根据题给图示，分析反应过程中物质、能量和微粒的变化关系	微粒观、变化观、能量守恒、原子守恒及外界条件对反应的影响

续表

专题或大概念	必备知识	关键能力	学科素养
电解质溶液中的微粒变化	侧重于反应变化与规律，具体包括：酸碱中和反应图像的分析；沉淀溶解平衡图像的分析；其他情境图示（实物、微粒变化）的分析	要求能从题干及图像中提取有效信息，结合平衡移动原理和守恒思想，具体问题具体分析	侧重于化学观念、思维方法
电化学	原电池工作原理的应用、电解池工作原理的应用、二次电池等	采用分析、综合的方法解决实际问题	侧重于化学观念、思维方法、实践探索和态度责任
元素及其化合物与基本概念、基本理论的综合	"元素及其化合物＋基本概念＋电解质溶液或定量滴定"的小综合；"元素及其化合物＋基本概念＋电化学"的小综合；"元素及其化合物＋基本概念＋电解质溶液＋定量计算（或电化学）"的大综合	根据流程图中各物质的变化过程，结合物质的性质和实际操作对题设问题进行分析判断，突出化学知识的迁移应用	侧重于化学观念、思维方法、实践探索和态度责任
化学反应原理的综合	"反应热＋化学平衡"的小综合；"反应热＋化学平衡＋反应速率或电化学"的小综合；"反应热＋化学平衡＋反应速率＋电化学"的大综合	从图像中提取有效信息的能力；结合反应原理进行分析判断、迁移应用的能力；化学定量计算的能力等	侧重于微粒观、变化观、平衡观、守恒观等综合考查、思维方法和实践探索
化学实验的综合	无机化合物的制备实验；有机化合物的制备实验；物质的组成和性质的探究实验；定量分析实验	要求掌握化学实验的基本方法和技能；能设计合理方案以及实施科学探究的能力。	侧重于化学观念、思维方法和实践探索
物质结构与性质的综合	以金属元素或非金属元素为主体的考查；金属和非金属的综合考查，主要是物质结构与性质	结构与性质、分子结构与性质、晶体结构与性质 3 个方面进行综合分析判断	侧重于化学观念、思维方法和态度责任

续表

专题或大概念	必备知识	关键能力	学科素养
有机化学基础的综合	以字母、分子式为主要形式的合成路线推断的综合考查；以结构简式为主要形式的合成线路推断的综合考查；多种呈现形式的合成路线推断的综合考查	主要考查学生自学能力、分析推理能力、知识迁移应用能力；根据题目信息，从反应物、生成物、反应试剂、反应条件、反应类型 5 个方面综合分析有机化合物性质和应用的能力	侧重于化学观念、思维方法和态度责任

以上 15 个专题可以分为 5 类：化学语言与概念、物质转化与应用、物质结构与性质、反应变化与规律、实验原理与方法，每一类都表征了化学基本观念或大概念，与化学课程标准及化学教材中的化学基本观念（或大概念）相一致。表 6-10 总结了每一类化学基本观念（或大概念）对应的核心概念及具体知识，有助于我们在化学学科实践活动课程设计中提炼并建构大概念。

表 6-10　大概念、核心概念及核心知识

大概念	核心概念	核心知识
化学语言与概念	化学用语	化学式、物质名称、核素、分子、离子、质子、中子、化学键、官能团、分散系、离子方程式、化学方程式、化合价、结构式、结构简式、分子式、热化学方程式
	常用物理量	质量与物质的量、体积与物质的量、物质的量浓度与物质的量
	基本概念	物质的组成、分类、化学反应、化合物类型、化学键类型、同分异构体、同系物、胶体、焰色反应、活化能、有效碰撞、反应快慢
物质的转化与应用	物质的转化及过程	金属元素、非金属元素、反应类型、物质性质、无机物、有机物、反应物、生成物、中间产物、催化剂

续表

大概念	核心概念	核心知识
物质的转化与应用	物质的变化、性质及应用	物理变化、化学变化（基本反应类型、氧化还原反应、离子反应、可逆反应、有机反应）、物理性质及化学性质、无机物性质的应用、有机物性质的应用、反应现象、生成物的判断、定量分析、试剂选择、试剂作用、实验现象、利用方程式计算
	金属及非金属元素	钠 Na、铁 Fe、铝 Al、镁 Mg、铜 Cu 及其化合物；碳 C、氯 Cl、硫 S、氮 N、硅 Si 及其化合物
	有机化合物的组成、结构、性质及应用	命名、分子式、结构简式、官能团名称、手性碳原子、同分异构体；反应试剂、反应类型及条件、化学方程式、设计合成路线
物质的结构与性质	物质结构	物质的组成、原子空间位置
	原子结构与性质	电子排布、电子云、自旋状态、能量高低、价层电子、微粒半径及大小、8 电子结构、第一电离能、杂化方式、元素性质
	分子结构与性质	键的类型、键角键能、配位键、杂化方式、成键特征、空间构型、稳定性强弱、酸碱性强弱、金属性（非金属性）强弱、氧化性和还原性、化学键、溶解性、分子间作用力、络合作用
	晶体结构与性质	晶体类型、晶胞参数、结构单元数、晶胞组成、微粒位置、微粒间距离、晶格能、分数坐标、密度计算、熔沸点高低、硬度大小
反应变化与规律	化学反应原理及能量变化	电化学、水解、电离、反应速率、稳定性、反应热
	电解质溶液	溶液的性质、盐类的水解、弱电解质的电离、沉淀的生成、电离常数、PH、溶度积、滴定操作与计算

续表

大概念	核心概念	核心知识
反应变化与规律	电化学原理	原电池与电解池原理：电解质、电极反应式、电极名称、离子移动、电子移动方向、电极反应式、电解质溶液、电极产物、定量计算、离子交换膜、产物等
	反应速率及化学平衡	(1) 外界条件对反应速率和反应限度的影响：转化率、反应速率、平衡移动方向；(2) 外界条件的影响：浓度、温度、影响产率的因素、平衡的移动；(3) 反应速率和化学平衡：外界条件影响、速率比较、速率计算、原因分析、平衡常数、压强平衡常数、物质的量、曲线含义
	沉淀溶解平衡	沉淀的生成与转化、点线含义、溶度积、沉淀溶解平衡
	弱电解质电离平衡	离子数目、浓度关系、条件影响、变化结果
	酸碱中和反应	导电性、电离、水解、图像中点线等的含义、浓度计算、电离常数、离子浓度、PH
	微粒变化图示分析	浓度、反应、导电性、存在形式
实验原理与方法	基本操作	仪器的使用（名称、选择、装置作用）、药品的保存、溶液的配制、操作方式、操作方案、操作分析
	鉴别、检验、提纯	分离、除杂、鉴别、检验
	分析评价	物质的制备、实验探究、现象分析、循环利用、目的、操作原因、实验方案、改进、评价、误差分析
	初处理	酸浸或碱浸、氧化、粉碎
	实验装置	制备装置、分离与除杂装置、收集装置等

　　除此之外，国内有一批学者以高考及高考试题为素材设计项目，典型的有《基于真实情境的项目式化学教学》①。研究者们以实现"知识、能力、素

———————————

① 江合佩.基于真实情境的项目式化学教学[M].济南:山东科学技术出版社,2019:1—2.

养"相统一的化学教育目标，设计多个主题性学习项目，将项目任务的问题解决与化学核心知识的学习应用相互结合、相互支撑，项目设计始终围绕真实的生活世界，审视和解决生活中存在的问题。有些还是最前沿的科研项目，比如工业烟气脱硫脱硝、工业制备硫化钠、回收利用废旧锂离子电池、探秘锂离子电池、海带中碘的提取及含量测定、水泥中钙元素的提取与测定、揭秘"鱼浮灵"、水合草酸亚铁的制备及性质分析、丙烯腈生产条件选择、探秘雾霾、二氧化碳资源化利用、天然气中 CO_2 和 H_2S 的协同去除、硫化氢废气的处理及利用、利用化学环联产纯碱和氯乙烯、神奇的分子马达、全氮类超高能材料的结构研究等。

（四）从科技类丛书中提炼大概念，选择课程内容

《生活中的化学》一书的特色是反映科学与生活一体化，趣味性和科学性相结合、知识性与技术性相结合、理论性和实用性相结合，为我们设计化学学科实践活动提供了很好的参考素材，包括饮品化学、调味品化学、烟酒茶与化学、服饰化学、珠宝化学、化妆品化学、健康与化学、家具家电与绿色化学、绿色装修与化学、生活化学制作十部分[①]。我们还可以从高新技术科普丛书提炼大概念，选择课程内容，如莫尊理教授总主编的系列高新技术科普丛书《新材料的宠儿：稀土》、《比人聪明的智能材料》、《又爱又恨是核能》、《神奇的人体修复材料》、《待开发的地热能》等，这些都为我们设计基于 STEAM 理念的化学学科实践活动课程提供了非常丰富的素材。

中等职业教育课程改革国家规划教材《化学》配套使用的实验教材《化学实验与实践活动》系列丛书，也为我们设计化学学科实践活动课程提供了可借鉴的思路方法与内容素材。如《化学实验与实践活动》（通用类）包括化学实验基础知识、化学基础实验、探究实验、趣味实验、综合实验和实践活动六部分；《化学实验与实践活动》（医药卫生类）包括化学实验基础知

---

① 莫尊理等.生活中的化学[M].西安:西北工业大学出版社,2002:1—3.

识、化学实验基本技能、化学实验内容及第二课堂实践活动；《化学实验与实践活动》（农林牧鱼类）包括化学实验及技能训练、拓展训练及实验技能考核、实践活动三部分。

（五）《知水善用》课程内容的选择与组织

1.《知水善用》课程内容的选择

通过深入研究现行义务教育化学课程方案和普通高中化学课程标准，并结合化学新教材设计了《知水善用》的课程内容。义务教育化学课程方案中为教师提供了 9 个跨学科学习活动主题，《知水善用》课程涉及"水质监测及自制净水器"和"海洋资源的综合利用与制盐"两个主题的内容。根据普通高中化学课程标准（2017 年版 2020 年修订）中规定的主题、大概念及相应的重要概念、核心知识、必做实验和可参考的主题设计了《知水善用》课程的教学活动，如表 6-11 所示，表中括号内为《知水善用》课程中设计的相应教学活动：

表 6-11　《知水善用》教学活动与普通高中化学课程标准的对应关系

课程类型	大概念 / 主题	《知水善用》教学活动设计
必修 1 与必修 2	主题 1：化学科学与实验探究	科学探究及其常用方法（每个项目都包含若干个科学探究）；必做化学实验的设计： ①配置一定物质的量浓度的溶液（配置一定物质的量浓度的硅酸钠溶液）；②用化学沉淀法去除粗盐中的杂质离子（海水晒盐、粗盐提纯）；③同周期、同主族元素性质的递变（卤族氯、溴、碘单质的制取及转化）；④盐类水解的应用（84 消毒液有效成分次氯酸钠的水解）；⑤强酸与强碱的中和滴定（黄酒项目中涉及氧化还原滴定）；⑥乙酸乙酯的制备与性质、糖类的性质（黄酒中有机物的转化） 探究性实验： 建神奇的"水中花园"、在实验室以海水资源为原料自制 84 消毒液、一封密信、自酿黄酒

续表

课程类型	大概念 / 主题	《知水善用》教学活动设计
必修 1 与 必修 2	主题 2：常见无机物及其应用	元素（氯、溴、碘）及物质（水、次氯酸钠等）氧化还原反应、电离与离子反应、非金属及其化合物、物质性质及转化
	主题 3：物质结构基础与化学反应规律	原子结构与元素周期律（卤族元素氯、溴、碘，金属元素钠、钙等）；化学键（离子键）、化学反应与能量（电解饱和食盐水）
	主题 4：简单有机化合物及其应用	典型有机化合物的性质（糖类、醇类、羧酸类、酯类等）；有机反应类型（糖类水解、氧化反应、酯化反应等）；有机化学研究的价值（典型有机物的制备及应用）
	主题 5：化学与社会发展	STSE（科学、技术、社会与工程）；化学、科学与技术（教育信息技术如智慧教室、微课制作等）合理使用；化学在材料（净水系统各种过滤膜）、健康（饮水）、自然资源（海水中化学资源、生物资源的开发利用）、环境保护（水）等的重要作用
	主题 3：水溶液中的离子反应与平衡	电解质在水溶液中的行为：电离平衡、水解平衡、沉淀溶解平衡、离子反应的应用（海水中化学资源、生物资源的分离与提纯等）
选择性必修 2（物质结构与性质）	主题 1：原子结构与元素性质	核外电子排布（钠、氯）与元素周期律（主要涉及卤族元素）
	主题 2：微粒间相互作用与物质性质	微粒间的相互作用（主要涉及离子键的本质和特征、离子晶体）
	主题 3：研究物质结构的方法和价值	建立物质结构模型（搭建氯化钠的晶胞模型及 8 个晶胞以"无隙并置"的方式整合）；过滤模型及生产生活中的应用
选择性必修 3（有机化学基础）	主题 1：有机物的组成和结构	"组成、结构决定性质"的基本观念；有机化合物中的官能团、化学键（羟基、醛基、羧基、酯基）

续表

课程类型	大概念／主题	《知水善用》教学活动设计
	主题 2：烃及其衍生物的性质与应用	烃的衍生物的性质与应用（乙醇、淀粉、黄酒中的多种有机物）；有机反应类型（糖类水解、氧化反应、酯化反应）
选修（实验化学）	物质的制备	硅酸盐的制备（建"神奇的水中花园"）；自制 84 消毒液（次氯酸钠、氯化钠）；海水中化学资源的开发利用（氯、溴、碘）
	物质的分离与提纯	常用方法（过滤、蒸发、结晶、蒸馏、萃取、分液、反萃取）
	物质的检验	水质检测（TDS、PH、余氯、硬度、重金属含量、亚硝酸盐）；自制 84 消毒液的性质验证；精制食盐
	借助化学软件、实物模型	虚拟实验（精制食盐）、过滤模型、净水系统膜技术模拟实验、反渗透装置、离子晶体（氯化钠的微观结构及晶胞模型）
	化工生产过程模拟实验	海水淡化、海水晒盐、精制食盐、海水提溴、海带提碘、电解饱和食盐水、自制 84 消毒液、自酿黄酒等工艺
	STSE 综合	围绕海水中化学资源的开发利用、饮水健康（生活饮用水）等展开
选修（化学与社会）	化学与生活	化学与健康（健康饮水）；生活中的材料（净水膜技术）
	化学与技术	海水中化学资源的开发利用；净水材料；虚拟实验；信息技术（微课制作软件等）
	STSE 综合实践	家用净水器的市场调研；调研黄酒酿造厂或博物馆
	化学工程进展研究	物质转化工艺和系统（膜分离工程、净水工艺、海水提溴工艺、海水淡化、海水制盐工艺等）

2.《知水善用》课程内容的组织

《知水善用》每个项目在真实情境问题解决中链接化学基础知识、核心概念及重要原理，各个项目中涉及的事实和基础知识如表 6-12 所示：

表 6-12 《知水善用》课程内容中涉及的事实和基础知识

项目	事实	基础知识
开启我的纯净水探索之旅	净水工艺、认识各种水（纯净水、自来水、矿泉水、蒸馏水、家庭饮用水、硬水、软水）、水质检测	过滤、膜技术、吸附、渗透、反渗透、蒸馏、一定物质的量浓度溶液的配制、胶体、水溶液中的离子平衡（电解质、盐、离子反应、沉淀的生成）
自制 84 消毒液	以海水为原料，用电解饱和食盐水的方法自制 84 消毒液；海水晒盐；必做实验（粗盐提纯）；陌生物质 84 消毒液有效成分性质的预测与验证；探究实验方案设计及实验；虚拟实验	电解质、水溶液中的离子平衡（盐类水解、电离）、离子反应、氧化还原反应、物质类别、元素化合价、守恒原理（元素、电荷、电子）、氧化性、还原性、漂白性、酸碱性、离子键、离子晶体（NaCl）、过滤、蒸发、结晶
一封密信	海带提碘；写密信；基础实验；探究实验方案设计及实验；复杂体系中物质的分离与提纯	萃取、分液、反萃取、元素周期律（表）及其应用、非金属性、氧化性、卤族元素（氯、溴、碘）性质及应用、氧化还原反应、离子反应
海水提溴	海水提溴工艺；工艺上从资源到产品的一般思路；复杂体系中物质的分离与提纯	氧化还原反应、氧化剂、还原剂、电解质、离子反应、元素周期律（表）及其应用
自酿黄酒	黄酒酿造工艺	有机物间的转化（糖、醇、醛、羧酸、酯等）；有机反应（水解反应、氧化反应、酯化反应等）

在每个项目的真实情境问题解决中引导学生逐步建构"物质的分离与提纯""物质的变化及应用"两个化学学科大概念，通过整个课程的学习最终

建构"物质"这个跨学科大概念，同时帮助学生在真实情境问题解决中体会"水是生命的源泉"这个主题的内涵。《知水善用》课程设计的实践证明，我们在设计化学学科实践活动课程时可以直接选用大概念，以真实情境问题解决落实课程目标，这在自主设计课程时是一种非常有效的策略。

第三节　化学学科实践活动课程的教学设计与实施

化学学科实践活动设计旨在实现"知识、能力、素养"相统一的目标，设计以学生为中心的学科实践活动项目，将项目任务的问题解决与核心知识的学习、关键能力的提升、核心素养的培育相互结合、相互支撑，项目设计始终围绕真实的生活世界，审视和解决生活中存在的问题。主要从化学学科实践活动课程的教学方式、教学策略及实施建议 3 个方面阐释化学学科实践活动课程的教学设计与实施。

一、化学学科实践活动课程的教学方式

根据主题、课程内容、课程案例的设计选择适宜的教学方式是实现化学学科实践活动课程目标的关键。5E 教学、项目式教学、基于问题的教学、基于工程设计的教学等是 STEAM 教育中常用的教学方式。本研究的第二轮行动研究《知水善用》课程包含 5 个项目，以"开启我的纯净水探索之旅""以海水为原料自制 84 消毒液""一封密信" 3 个项目分别阐释如何使用5E 教学模式、项目式教学及基于问题的教学设计与实施化学学科实践活动。

（一）5E 教学模式

1. 5E 教学模式的内涵及教学策略

20 世纪 60 年代美国物理学家罗伯特·卡普拉斯（Robert Karplus）及其同事提出了 Atkin-Karplus 学习环模式，认为科学学习或教学过程是概念引入（term introduction）、初步探究（exploration）和概念运用（concept application）

3 个前后相连的循环。①学习环在科学课程改革中不断演变，目前应用较多的是美国生物学课程研究会（Biological Sciences Curriculum Study，BSCS）依据建构理论和概念转变理论，在罗伯特·卡普拉斯学习环的基础上开发出"5E"教学模式（The 5E's Learning Cycle model），包括引入（engage）、探究（explore）、解释（explain）、精致（elaborate）和评价（evaluate）5 个环节。BSCS运用 5E 教学模式开展实证研究，表明 5E 教学模式较传统教学模式更有利于提高学生兴趣和学生学业成就。②

　　引入环节也称"参与"，这个环节主要是教师创设情境，提供有意义的学习活动，激发学生的学习兴趣和内在学习驱动力，明确学习的主题和探究的方向，并且将探究主题与学生已有的知识经验相联系。在"引入"环节，学生的已有知识与教师创设的情境之间产生认知冲突，会激发学生的内在学习动力，这是实现概念转变的重要策略。③在引入环节可以选择以下活动形式：提供有意义的学习活动，如 KWL 调查、头脑风暴、学生动手动脑活动、问卷调查、访谈等，以此了解学生的学情。根据学情及学习内容，预先设计与学生生活相关的真实问题情境。化学教学中常见的真实问题情境主要涉及日常生活、生产工艺、环境教育、科学探究、实验探究、化学史料等。

　　探究环节是 5E 教学模式的主体，就是问题解决的过程，需要学生敢于提出疑问，教师要创设学生直接参与科学探究的机会与条件，并逐步激发学生的探究思维，引导学生针对确定的主题和方向进行探究活动，构建对新概念的认知，掌握知识与技能。通过查阅资料、思考设计方案，在动手操作的过程中观察现象，建立事物间的联系、总结规律，以认识新概念或新原理。小

①　Lawson，A. E.，*Abraham*，*M. R.*，*Renner*，*J. W.. A theory of instruction: Using the learning cycle to teach science concepts and thinking skills* （*NARST Monograph No.1*）. The National Association for Research in Science Teaching（NARST），1989.

②　Bybee，R. W.，Taylor，J. A. et al . *The BSCS 5E Instructional Model: Origins*，*Effectiveness*，*and Applications*. http://www.bscs.org，2010—6—10.

③　Margarita Lim ó n. *On the cognitive conflict as an instructional strategy for conceptual change: a critical appraisal*. Learning and Instruction，2001，11（4—5）:357.

组合作是探究环节常用的组织形式，在这过程中学生是主体，教师是引导者和促进者。当学生遇到问题时，教师不直接说明答案，适时地通过问题或建议的方式给予学生恰当指导。并且要鼓励每个学生都能参与到小组合作探究活动中。

解释环节与探究环节是紧密联系的。解释环节是学生探索完成后，教师引导学生根据探究环节收集到的证据或数据，通过实时答疑、演讲辩论、虚拟演示等方式展示方案，尝试用自己的语言解释探究结果，形成初步解释或形成新概念。这个环节是学生对自己的经验进行抽象化、理论化的处理过程，通过知识可视化、思维外显等方式与大家分享。然后，教师对术语、概念、原理等给出科学、简洁而又清晰的解释。教师一方面要适时引导学生转变错误的观念或不成熟的感性认识，建立科学概念；另一方面，教师要引导学生总结、反思前两个环节的经历，建立知识间的联系，为下一环节做好准备。这个环节中，讲授法是最常用的策略之一。此外，教师还可以根据具体情况恰当地选用视频、多媒体、信息技术软件辅助新概念、新原理的阐释。

精致环节旨在使学生能够理论联系实际，学以致用，能够将知识融会贯通，达到举一反三的效果。在这个环节，教师启发学生利用新概念解决具有关联性的新问题或新现象，教师要为学生提供良好的学习氛围，给予学生适当的思考时间和空间，引导学生通过参与讨论、协作交流等多种形式获取信息、积极讨论、总结归纳，实现对新概念和新原理全方位的理解，并且利用这些概念和原理解释新现象，尝试解决新问题。这个环节中教师要给学生安排新的问题情境或新的学习任务，常用小组合作学习的形式尝试解决新问题和新任务，构建知识网络，完善知识体系。学生为解决问题，可以通过多种渠道获取相关资源，如书籍、网络、数据库、实验、调查、访谈等，也需要积极争取教师、专家、家长的支持和帮助。

评价环节不是独立存在的，应是一种持续性评价，贯穿于问题解决的全过程。评价具有多样化特征，包括有关学生学习反馈、情感态度等的课堂评价。在这个环节教师要将过程性评价和结果性评价相结合，适时选用多种方式对学生进行综合评价。常见的评价方式有，课堂提问、小组讨论、课堂观察、学习档案、实验记录、纸笔测验等。值得注意的是，在问题解决中对学生提出的问题、观点、做出的解释和结论，应先予以态度上的肯定，鼓励学生积极大胆地表达自己的想法，确保学生能够积极参与问题解决活动。对于不够准确，甚至错误的观点，教师应该发挥教学智慧，选用在恰当的时机用合适的方式予以纠正。同时，要重视教师与学生的反思。

2. 面向 STEM 教育的 5E 教学流程

国内有学者设计了面向 STEM 教育的 5E 教学流程，如图 6-6 所示：

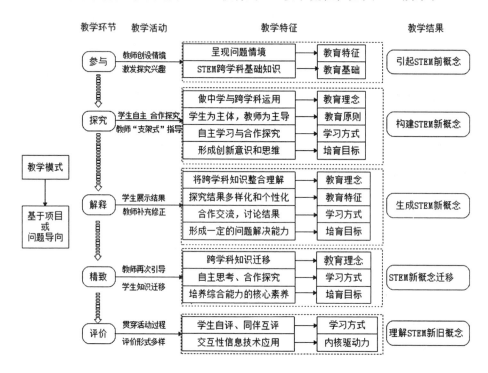

图 6-6　面向 STEM 教育的 5E 教学流程

由于 STEM 内容具有多样性，教师在教学时应该根据具体情况灵活选择和调整探究教学策略，合理安排教学顺序。具体来说，如果探究要点多而分散，可以设置多个"5E"教学环；如果探究活动比较复杂，可以用多个课时来完成"5E"教学环；如果探究活动的中间环节较多，可将"探究—解释"

环节紧密结合并多次实施，逐步完成总的探究任务。① "开启我的纯净水探索之旅"中，主要包括 3 个探究任务，每个探究任务中涉及若干个活动，所以采用的是上面最后一种形式，并且每一个探索与解释环节紧密联系。

以《知水善用》课程中的"开启我的纯净水探索之旅"项目阐释在化学学科实践活动课程实施中如何使用 5E 教学模式。

【引入】环节

首先，请学生观看中央电视台《生活》栏目"纯净水给您一个说法"节目视频，引入社会性议题"纯净水纷争"。其次，请学生以小组为单位进行头脑风暴，填写"开启我的纯净水探索之旅"的 KWL 表，一方面帮助我们了解学情，另一方面引导学生明确本项目的探究任务。最后，提出本项目的核心挑战任务是开启我的纯净水探索之旅，"给纯净水一个说法"。本项目的探究任务包括：论证纯净水是否有益于身体健康？怎样获取纯净水？如何区分纯净水和生活中常见的水？

【探究与解释】环节

为了解决这个真实情境问题，通过交流研讨将核心任务拆解为 3 个主要任务，每个任务中又包含若干个活动。因为涉及的任务和活动较多，所以按照任务展开，并且探索和解释环节紧密联系在一起。

探究任务一：纯净水是否有益于身体健康？通过 3 个活动进行探究：活动 1 "数"说水资源现状，引导学生认识到重塑水文关系就是重塑人与自然和谐的关系。活动 2 认识自来水的"二次污染"。活动 3 用"数"给纯净水一个说法，引导学生认识到饮用纯净水有利于身体健康，有必要使用家用净水器改善水质。由此得出结论纯净水有益于身体健康。

探究任务二：怎样获取纯净水？为解释这个问题，主要从认识家用净水器的工作原理、模拟净水器核心部件的工作原理、设计家用净水器方面进行

---

① 武敬,徐华英. STEM 课程设计与指导［M］. 天津:天津教育出版社,2019:81.

探究。具体包括：活动 1 家用净水器的市场调研；活动 2 探究家用净水器的工作原理；活动 3 家用净水器净水系统的模拟实验；活动 4 探究反渗透净水原理并制作反渗透净水模拟装置。

探究任务三：如何认识纯净水？认识纯净水主要目的是对纯净水及生活中常见的水有一个较为全面、科学的认识。具体包括：活动 1 认识"硬水""软水"和"蒸馏水"；活动 2 探究纯净水和蒸馏水的区别；活动 3 体验蒸馏水的妙用——建神奇的"水中花园"。

【精致】环节

这个环节设计了两个教学活动，一方面引导学生构建知识网络，完善知识体系；另一方面引导学生制作微课，展示交流。

【评价】环节

根据项目目标，针对主要的实践活动设计具体可行的评价量规，促进学生核心素养的发展。"开启我的纯净水探索之旅"项目中涉及的评价量规有：家用净水器净水系统模拟实验的评价量规；"配置一定物质的量浓度的硅酸钠溶液"的实验操作评价量规；建"神奇水中花园"活动表现评价量规。

（二）项目式学习

项目式学习（Project Based Learning）源于美国，在中国教育界产生了重要的影响。学术界普遍认为项目式学习是发展学生核心素养的重要教学模式和学习方式。项目式学习是一种教与学的模式，本质体现在：学生始终是学习的主体；任务和目的是解决实际问题；内容是对核心知识的掌握和关键能力的培养；最终表现是自主构建知识体系。

国内有研究团队提出"基于 STEM 教育理念的项目式教学设计路径"，指出以某一学科为基础，聚焦该学科中需要解决的综合性的真实问题为出发点，引导学生运用多学科知识完成相应任务。教学目标的设定参考美国新一代科学教育标准（简称 NGSS）提出的 3 个目标维度确定，分别是科学与工程实践、学科核心知识和跨学科知识 3 个维度，①其整体框架如图 6-7 所示：

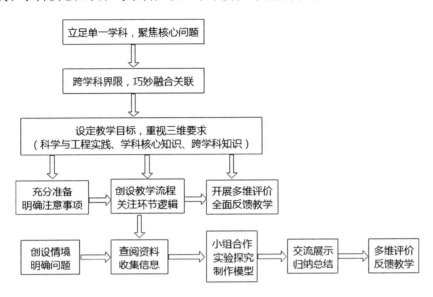

图 6-7　基于 STEM 教育理念的项目式教学设计路径

　　基于 STEAM 理念的化学学科实践活动课程中项目任务的选择，要始终围绕真实的生活世界，审视和解决生活中存在的问题。将项目任务的问题解决与化学核心知识的学习应用相互结合、相互支撑。围绕化学课程标准和化学教材中的核心知识设计驱动性问题或核心问题，引导学生从核心认知视角进行实验、科学探究，完成项目任务，同时掌握化学必备知识，培养学科关键能力，培育学生的科学态度和社会责任素养，促进学生核心素养的全面发展。

　　国内北师大研究团队通过实证研究提出，项目式教学的思维方式促进了核心素养的落实。提出项目式教学是以问题情境为驱动，以项目任务为依托，对任务以证据或是支架知识为引导进行转换、拆解，然后对每一任务进行设计方案、实施方案、整理反思、展示交流。整个过程始终要把问题的诊断、追问作为主要手段，使学生的思维外显，示范讲解或及时纠正，从而使学生

---

①　陈尚宝.基于 STEM 理念的初中项目式教学设计[M].桂林:广西师范大学出版社,2020:8—9.

达到理解、实践和创新的目的。核心素养的培育则始终贯穿其中，知识经验经过程序化、模型化、概括化的反思后，上升为认识方式以及情感态度价值观，经过不断反思、总结和评价，最终直至核心素养的提升。

项目式教学是落实学生核心素养的路径，具体来说，项目式教学提倡的学习模式、思维方式、整体设计、真实探究性等都是提升学生核心素养的有效途径。国内有研究团队根据项目式学习的四大核心要素以及化学学科的具体教学特点与实际，提出了化学学科项目式教学模式[①]，具体步骤如下：选取聚焦学科大概念，具有发展价值的教学主题；准确诊断学情，包括学生的已有知识、困惑与障碍、最近发展点等；明确教学目标及具体改进策略；整体规划主题—单元—课时教学目标；设计适合学生的、有梯度的教学环节和学生活动；根据化学学科能力水平合理选择和使用任务情境素材；基于高阶思维内涵及素养要求进行有效设问、追问、评价、示范、总结。本研究运用上面化学学科项目式教学模式，设计了《知水善用》课程中的"以海水为原料制取 84 消毒液"项目，主要包括项目导引、项目规划、项目目标、项目内容与实施、项目评价。

（三）问题解决教学

问题解决教学是日常教学中普遍使用的一种教学方式，是利用系统的步骤，指导学生质疑、思考、探索和解决问题，对提升学生的问题解决能力、实践创新能力有显著成效。问题解决教学以解决问题为中心，注重学生的自主探究活动，着眼于创造性思维和实践能力的培养[②]。问题解决教学的核心是问题或问题链，是既要"动手"又要"动脑"的实践性教学，通过适当的活动来有效构建新知识，进而培养学生的实践能力和创新意识。[③]一般来说，问题解决过程与问题解决教学过程的关系如图 6-8 所示：

---

① 刘翠. 高中化学项目式教学实践研究[M]. 济南：山东科学技术出版社，2020：33—38.
② 王祖浩，张天若. 化学问题设计与问题解决[M]. 北京：高等教育出版社，2003：163.
③ 王宽明，郝志军. "问题解决"教学：内涵、实践及应用[J]. 教育探索，2016(3)：10.

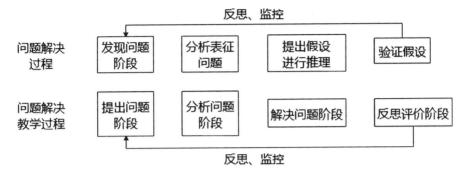

图 6-8　问题解决过程与问题解决教学过程的关系

　　国内研究者们为提升教师的教学水平和学生的问题解决能力，将问题解决教学理论运用到教学实践中，提出了不同的问题解决教学模式。但不同的"问题解决"教学模式在理念、问题来源、问题解决的主要影响因素及其内涵和评价要素方面存在相同之处，具体表现在："以学生为中心""实践中解决问题""强调经验积累的问题解决能力培养""凸显社会建构的问题解决方式""关注问题解决过程的评价"。[①]化学教学中的问题解决教学模式就是教师通过创设真实问题情境，引导、组织学生运用多样化的思维方式和科学方法去解决问题的课堂教学形式。

　　一般来说，问题解决教学模式在化学教学中的流程为：设定情境，提出问题；分析问题，形成探究思路；解决问题，建构知识体系；评价与反思，内化学科素养。根据各环节行为主体（教师和学生）的不同，问题解决教学的环节可以有不同组合。常见的问题解决模式如图 6-9 所示：

　　① 王宽明."问题解决"教学模式的比较研究[J]. 基础教育,2016(1):34—35.

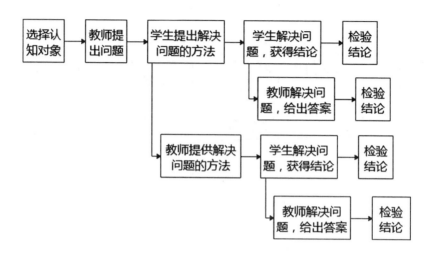

图 6-9　常见的问题解决模式

解决问题是一项实践性很强的活动，要想提升学生问题解决能力，就需要让学生置身于真实问题情境中，亲自经历解决问题的过程。因此，化学学科实践活动课程提倡问题解决教学，重要的是让学生亲身体验解决问题的过程，在实践活动中发展学生解决问题的能力。《知水善用》课程"一封密信"项目采用问题解决教学模式，包括创设真实问题情境、提出问题、分析问题、解决问题、建构知识体系、评价 6 个环节。

二、化学学科实践活动课程实施的教学策略

通过两轮行动研究的实践探索，总结提炼出化学学科实践活动课程实施的有效教学策略，主要有以下几点：

（一）运用主动学习方式促进学生的深度学习

1946 年，美国著名学习专家埃德加·戴尔（Edger Dale）带领团队进行了无数次实验研究后，首次提出了"学习金字塔"理论，是一种现代学习方式。学习金字塔模型用数据形象显示了：运用不同的学习方式，学习效果不同。换句话说，明确显示出采用不同的学习方式，学习者在两个星期以后所

能够牢固记忆内容的占比情况如图 6-10 所示：

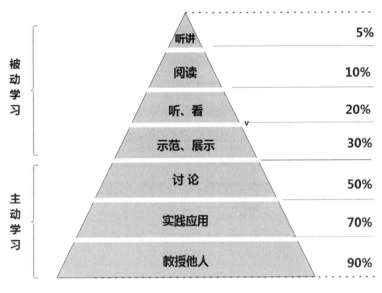

图 6-10　学习金字塔

　　学习金字塔模型一共分为 7 层，从塔尖开始的前 4 层为被动学习部分，即听讲、阅读、视听结合、演示，两周后其平均的学习内容留存率分别为 5%、10%、20%、30%；接近塔底部的后 3 层为主动学习阶段，分别为讨论、实践应用、教授给他人，两周后其平均的学习内容留存率分别为 50%、75%、90%。爱德加·戴尔提出，学习效果在 30% 以下的听讲、阅读、听与看、示范与展示的这些学习方式，都是个人学习或被动学习；而学习效果在 50% 以上的讨论、实践应用、教授他人等方式，都是团队学习、主动学习和参与式学习。从图中可以看出，通过运用被动学习范围中的阅读、视听的学习形式，学习内容的平均留存率较低，因此，学生仅仅通过阅读教材等形式并不能获得多少有效的知识，只有通过实践、讨论、互相讲授等主动学习的形式才会获得知识的真谛。从学习金字塔我们可以看出，第六种"实践"的学习方式，可以是"做中学""模拟演练""实际应用"等方式，学习内容保持率可以达到 75%。最后一种"教别人"或者"马上应用"的学习方式，可以记住 90% 的学习内容。

受学习金字塔的启发，基于 STEAM 教育理念的化学学科实践活动课程在教学中强调采用交流研讨、实践操作、教授给他人等主动性学习方式。具体来说，通过 5E 教学法、项目式教学、基于问题的教学、基于工程设计的教学等都属于主动学习方式，这类学习方式能够引导学生积极主动地参与到学科实践活动中，以此来最大限度地促进学生的深度学习，促进学生对知识的掌握和核心素养的提升。

《知水善用》课程包含 5 个项目，根据不同的教学内容采用合适的教学方式，引导学生对真实情境的问题解决展开科学探究和实践探索，并且利用信息技术制作一份由学生"自编自导自讲"的微课，交流分享探究成果。这些都是学习金字塔中主动学习的体现。

（二）运用知识可视化工具构建知识体系

STEM 课程的跨学科知识整合取向，一般是从学科、社会生活经验和学习者 3 个层面分析的。不管采用哪种取向的 STEM 课程整合模式，各学科原有知识体系结构的劣构化是它们面对的共性问题，会给学生的成长带来障碍。[①]可视化工具是学生、教师、领导者们使用的非语言符号系统，它以"视觉—空间—文字"的表征形式关联心理和情感，能支持所有学习者将静态信息转化为活性知识（active knowledge），是帮助人们在信息化时代更高效地把信息转化为知识的工具。知识可视化工具主要有 4 种基本类型：用于提升创造性思维的头脑风暴网络图、用于解析任务的组织图、集创造性思维与分析性思维于一体的概念图、综合多种可视化工具的思维地图。[②]

提升学生的问题解决能力、实践创新能力的根本在于学生具有良好的知识体系，并能不断地自我完善和发展知识体系。而化学基础教育领域学生知识的结构性缺失，是一个普遍地、长期困扰中学教师与学生的问题，对我们

---

① 余圣泉,胡翔. STEM 教育理念与跨学科整合模式[J]. 开放教育研究,2015(21)8:16—20.

② ［美］大卫·海勒. 思维地图:化信息为知识的可视化工具[M].周丽萍,主译.北京:化学工业出版社,2020:1—6.

化学的有效学习带来了很大的障碍。国内有学者提出在 STEM 跨学科整合中，容易出现学科知识结构性缺失的不足，知识地图技术是很好的课程设计工具，可以对项目设计进行总体规划，对课程的核心知识及其关系予以可视化展示与管理，实现跨学科知识的均衡覆盖。①这对我们基于 STEAM 理念的化学学科实践活动课程设计提供了方法论基础。

　　基于 STEAM 理念的化学学科实践活动课程内容的整合，一方面要将化学学科内或化学与科学、技术、工程、人文、数学学科的知识按问题逻辑或项目逻辑进行跨学科重整，另一方面要尽可能全面、均衡地覆盖学科的基础知识、核心概念及原理。基于 STEM 理念的化学学科实践活动课程设计与实施，要在学科知识的系统性与真实情境问题解决中所获知识的随机性之间保持一定的动态平衡，基于学科的整体知识结构系统地设计活动，并且使得各问题之间包含的基础知识、核心概念及原理间形成立体网状结构。

　　化学学科实践活动课程设计中，在创设具体的真实情境问题或项目时要对其涵盖的知识，采用知识图谱技术进行关联。尽可能使当前课标要求学生掌握的核心知识都与知识图谱关联，引导学生自主构建结构化的知识图谱。国内有学者提出了非常实用的知识图谱技术，提出知识建模的内容分析法既有助于学习内容序列化，又有助于学习活动设计。通过绘制知识建模图（也称知识网络图），能让我们清楚地知道知识点之间的联系，据此设计学习活动，有助于学生构建知识网络。②

　　知识建模共包含以下 3 个步骤：第一，研读教材、课程标准及相关评价体系，提炼归纳知识点，并将它们正确归类。第二，根据知识的语义，按照规范在知识点之间画出特定的弧，并调整知识点的布局，使其更加美观易读。第三，检查知识建模图的科学性和系统性。知识点被区分为以下 7 种类型：

　　（1）符号和名称 SM（symbol）在知识建模图中用椭圆◯表示，多是用来

---

① 余圣泉,胡翔. STEM 教育理念与跨学科整合模式[J]. 开放教育研究,2015(8):16—20.
② 杨开城. 以学习活动为中心的教学设计实训指南[M]. 北京:电子工业出版社,2016:53—61.

记忆的。当符号的记忆被当作目标时，我们才把符号本身当作知识点，否则不用画出来。

（2）概念 CN（concept），在知识建模图中用○表示，概念都用名称或符号来表征。有一些概念有多种符号表征，比如，"铁"元素还可以表征为"Fe"。

（3）原理和公式 PF（principleand formula），在知识建模图中用矩形□表示。原理表达的是某些概念之间的关系，有时用命题的方式表达，有时使用简洁的公式来表达（如果概念之间存在某种数量关系）。各种标准、规范、规则都属于 PF，比如实验标准及规范等；表征物质或事物性质、作用的概念或原理也属于 PF。

（4）格式 FM（format），在知识建模图中用梯形□表示。格式通常说明了某种文体或者单元的组成结构。

（5）过程步骤 PS（Process and steps），在知识建模图中用圆角矩形□表示。这种知识表征的是事物或物质的变化过程或者某种操作步骤。

（6）认知策略 CS（cognitive strategy），在知识建模图中用圆柱□表示。认知策略从形式上看属于 PS，我们可将它单独归类。问题解决策略、学习方法、信息加工策略等都属于 CS。与 PS 知识不同，CS 的习得更多地依赖于个体对认知体验的反思。

（7）事实和范例 FC（fact and case），在知识建模图中用□表示。将所有的方案、产品、现象、问题、案例、事实以及命题的推导过程和论证过程都归入此类。这一类知识代表着特定的现实以及知识的应用。

教师要引导学生灵活选用知识可视化工具构建知识体系。第二轮行动研究《知水善用》课程中每个案例实施中都会引导学生选择知识建模、思维导图等可视化方法，共同构建知识网络，如"开启我的纯净水探索之旅"项目中采用以上知识建模的方法构建知识体系。"自制 84 消毒液""一封密信""海水提溴""自酿黄酒"项目中多采用工艺流程图、思维导图、实验流程图等构建知识体系。课程结束时，引导学生自主构建关于《知水善用》课程的一个整体知识网络。

（三）运用学历案和翻转课堂，突破和延伸课堂教学

第一轮行动研究《趣味化学》课程实施中运用的是常规的"学习任务单"，主要是在课堂上使用，有效地促进了学生的学习。课程实施期间研读了关于"学历案"和"翻转课堂"的书，受益匪浅，尝试将"学历案"和"翻转课堂"运用到化学学科实践活动课程实施中，效果良好，有利于促进学生核心素养的发展。

《教案的革命：基于课程标准的学历案》这本书是理论研究者（华东师范大学崔允漷教授团队）与实践教育者（浙江元济高级中学教师团队）进行多年深度合作的关于"学历案"的研究成果，其实践效果显著，值得我们借鉴学习。学历案是对实践中的学案、导学案、学习任务单等的总结与提升，体现学生立场，追求课堂中每位学生的真实学习，为学生提供专业化设计的深度学习机会，强调让更多的学生投入学习。强调"学主教从""先学后教""以学定教"的学与教关系。

"学历案"是指教师在特定的教学背景下，围绕某一部分学习内容，对学生学习过程进行专业化预设的方案。一份学历案的基本要素包括：学习主题／课时、学习目标、评价任务、学习过程（学法建议、课前预习、课中学习）、检测与练习、学后反思。其专业性主要体现在：它是一种相对独立的课程计划，一种学生学习的认知地图，一种指向个人知识管理的学习档案，一种在课堂内外师生、生生、师师交流的互动载体，一种供师生双方保障教学质量的监测依据。[①]

人工智能时代，提倡以学生实践为中心的智慧教学。有外国学者指出，翻转学习最大的好处是"简单的任务在课后做，重量的任务在课堂上完成"。翻转课堂的实质就是通过互联网信息技术与课程教学的深度融合，促进学生

---

① 尤小平.学历案与深度学习[M].上海：华东师范大学出版社,2017:3.

的深度学习。[①]翻转学习与布卢姆教育目标分类法相结合后更加实际的图形是菱形，面积越大代表用于该水平任务的课堂时间越多，那么课堂上的大部分时间会用于进行应用和分析。

受以上启发，第二轮行动研究《知水善用》课程中每个课程案例的实施都采用学历案的形式，是对第一轮行动研究《趣味化学》课程中采用的学习任务单的优化形式，具体体现在将"课前—课中—课后"的学习任务融为一体，效果良好。为了摆脱 40 分钟单课时的局限，我们可以利用学历案和翻转课堂，突破和延伸课堂教学。简单地说，课前给学生提供与教学重难点内容相关的教学视频、微课、阅读资料、方法导引等，学生先完成简单的任务与内容，比如一般教师在课堂上直接讲解的基本概念、基本内容、事实等。课堂上的时间用来解决重点及困难任务、纠正错误观念、探讨疑惑，也就是说在课堂上使学生参与知识的应用与分析活动，促进学生能力的发展与高阶思维的提升。

三、化学学科实践活动课程的实施建议

通过两轮行动研究，本研究对实施化学学科实践活动课程的实施提出以下几点建议：

（一）深入研究化学课程标准、高考评价体系及化学高考试题

"课程标准""高考评价体系""学生发展核心素养体系"及"化学学科核心素养"是一脉相承的，不仅是高考试题命制的基本依据，也是解决我们现实困惑的根本。《普通高中化学课程标准》、高考评价体系及高考试题间的关系可用图 6-11 所示：

---

① ［美］乔纳森·伯格曼. 翻转课堂与深度学习［M］. 北京：中国青年出版社，2020：23—27.

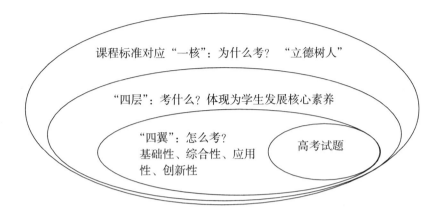

图 6-11　课程标准、学生发展核心素养、高考评价体系及高考试题间的关系

从上图可以看出，课程标准对应高考评价体系中的"一核"，高考的目的在于贯彻落实"立德树人"；高考评价体系中的"四层"即为什么考，体现为发展学生核心素养，而学生发展核心素养和化学学科核心素养是紧密联系，二者是相互促进的关系；课程标准、学生发展核心素养、化学学科核心素养、高考评价体系的理念与精神最终体现在高考试题中，体现基础性、综合性、应用性和创新性。这就启发我们必须将课程标准、高考评价体系、学生发展核心素养、化学学科核心素养的要求渗透到化学学科实践活动课程设计与教学的常态化实施中。

（二）建立校内、校外联动合作的课程开发共同体

要想卓有成效进行基于 STEAM 教育理念的化学学科实践活动课程设计必须建立校内、校外联动合作的课程开发共同体。需要综合考虑课程的跨学科性，充分利用学校的师资优势，统筹科学（化学、物理、生物、地理）、信息技术、通用技术、综合实践活动等学科的教师形成一个"学科整合"的课程团队，共同开发适合学生核心素养发展的化学学科实践活动课程，弥补教师 STEAM 专业知识的缺陷，摆脱个别学科单独承揽 STEAM 课程设计的困境，避免课程目标、内容、实施和评价等方面出现重复。除一线教师的积极参与外，更需要 STEAM 教育专家、课程专家、学科专家、政府管理部门的支持与指导。

由于课时有限，那么翻转课堂自然成为实践活动课程实施的一种有效路径，为此我们必须积极争取家长对学科实践活动课程的大力支持和协作。多方力量共同参与综合课程改革，形成发展合力。教师、学生和家长共同讨论不同的课程主题，请相关专家指导。各单元学习主题的探究都是以小组合作的形式进行的，然后在组内进行分享、整合、汇报，这就使得教师和学生组成了一个学习共同体，塑造着一种新型的和谐的师生关系。

（三）跨界聚合课程资源

单个学校的课程资源都是有限的，要想突破困境必须结合已有的现实条件，跨界聚合课程资源，扩大课程资源的利用范围。首先，在充分利用好学校现有理化生专业实验室、学校图书馆、各专业教室等设施基础上，加强与校外科普机构（如各类博物馆、科技馆、青少年活动中心等）的联系，充分利用校外教育机构的资源，拓宽学校课程资源。其次，加强学校之间的沟通与交流，每个学校都有各自的课程资源和优势课程，通过相互观摩、相互借鉴，可以分享优势资源，让更多的学生受益。再次，与高校、科研院所建立长久的合作伙伴关系，可以为中小学提供先进和丰富的设施资源，不仅能够为一线教师自主开发课程降低成本、提供便利条件，而且有利于加强高等教育与基础教育的有效衔接。

（四）建设学校课程资源库，实现资源共享

很多国家都建设了国家网络课程资源库，实现综合课程资源共享。按照资源内容的不同，可大体分为基本信息资源、优质课例资源、教师专业发展资源、示范学校资源四种形式。这对当前我国课程改革的深化发展具有一定启示意义。要充分利用现代技术实现规模化教育与个性化培养的有机结合，建立教育资源共建共享机制。充分利用现代信息技术，丰富并创新课程形式，培养学生创新精神和实践能力。

我们可以通过微课、网络云盘等信息技术建立学校课程资源库，实现优

质课程资源的共享、校际的交流与分享。我们收集的课程资源可以是多样化的，既有实物的，也有影像的；既有文字的，也有图片的；既有课内的，也有课外的；既有典型的，也有普通的；既有现存的，也有开发的。

第四节　化学学科实践活动课程实施效果的评价

美国著名的教育评价学者布卢姆认为：进行结果性评价意味着终结，而进行过程性评价则意味着还有改进的空间和机会。引导学生应用教师设计的评价工具开展自评、互评和师评，做好过程性和终结性评价。这就意味着化学学科实践活动课程评价不仅要强调学习结果，更要关注学习过程。

一、化学学科实践活动课程的评价策略

基于 STEAM 教育理念的化学学科实践活动课程有以下有效评价策略：

（一）运用表现性评价促进学生核心素养的发展

长期以来，传统纸笔测验主导着我国基础教育中的各种考试和日常教学。不可否认，纸笔测验能够快速而有效地判断学生对事实信息、基础知识和简单技能的掌握情况，但是它只能检测与记忆、理解为中心的极其狭隘的领域"[1]。值得让人深思的是单一的纸笔测验很难检测 21 世纪所需的素养。[2]钟启泉教授提倡"探索以'表现性评价'为代表的新型评价模式是基于核心素养课程发展的关键。[3]大量的证据表明，表现性评价（也称为发展性评价）更适合用来检测各种高水平的、复杂的能力（如思维能力、问题解决能力

---

①　[日]梶田睿一.教育评价[M].李守福,译.长春:吉林教育出版社,1998:37.

②　周文叶.促进深度学习的表现性评价研究与实践[J].全球教育展望,2019(10):86.

③　钟启泉.基于核心素养的课程发展:挑战与课题[J].全球教育展望,2016(1):3—25.

等)。①

核心素养时代的课程改革推动评价体系的变革，提倡我们要超越纸笔测验，采用"能检测学生的认知思维、推理能力以及真实情境问题解决能力的表现性评价"。②还有学者认为，核心素养可以深入更加具体的课程评价环节当中。一则将核心素养转换为可观察的外显表现，制成量表，形成对学生更加全面、立体的考察；二则促进形成性评价与总结性评价的相互协作。③

国内有多位学者强调表现性评价。那什么是表现性评价呢？与我们熟悉的标准化评价有什么区别呢？通过梳理，如表 6-12 所示：

表 6-12　标准化评价与表现性评价

评价类型	标准化评价	表现性评价		
评价方式	选答反应	构答反应	作品	行为表现
评价信息生成与获取	多项选择、判断、匹配、填空、简答	图表/图解、概念图、流程图、图形/表格、方框图	短文、研究论文、日志/日记、实验报告、故事、诗歌、艺术展览、项目、笔记本	口头汇报、舞蹈、运动、演示、朗读、表演、辩论、音乐独奏、小组讨论、视听
评价信息录存	试题数据库	档案袋		
评判决策机制	参照标准的自动匹配	基于评分规则的评价方案		

基于 STEAM 教育理念的化学学科实践活动课程评价采取表现性评价，即依据课程目标，确定清晰的评价标准，为学生的学科实践活动持续提供清晰的反馈，促进学生核心素养的发展。换句话说，要将化学学科核心素养和学

① Linda Darling-Hammond, Frank Adamson. *Beyond basic skills: the role of performance assessment in achieving 21 st century standards of learning* [M]. Jossey-Bass, 2014:23—29.

② 周文叶,陈铭洲. 指向核心素养的表现性评价[J]. 课程.教材.教法, 2017(9):36.

③ 李树培.综合实践活动课程核心素养与评价探析[J]. 全球教育展望,2016(7):17—18.

生发展核心素养融入课程评价中，一方面，我们要深入理解学生发展核心素养和化学学科核心素养的关系，并且要细化二者的具体指标；另一方面将这些具体指标融入化学学科实践活动课程设计与实施的过程中。

从具体层面来说，国家颁布的课程标准提出了不同的评价方式，如观察记录、纸笔测试、描述性评语、作品评价等。现有的中考、高考制度直接影响课程评价，学校和教师在非考试学段可能会尝试运用这些多元化的评价方式，但涉及中高考的学段，这些评价方式很难实施。因此，化学学科实践活动课程评价应聚焦学生核心素养的落实，并将之纳入升学评价的综合素质评价中，以获取学校、教师和家长的支持。

基于 STEAM 教育理念的化学学科实践活动课程的评价要点有：第一，表现性评价是一种形式多样的、以学生发展为中心、以核心素养为导向的立体性评价。第二，表现性评价通过持续地进行信息反馈，指导改进学生的学习以及教师的教学。持续性评价是激励性评价，其利用课堂观察、评价量规、学历案、微课、交流展示等方式，让每一名学生都有出彩的机会。同时，也可以采用更加多元的评价方式，除作业或测试外，报告、公开展示等也是表现性评价的常见形式。第三，表现性评价更多的是形成性评价，更加关注过程，要贯穿学生学习的始终，随着教学进程的推进，自主监控学习的目标是否达成，主动反思和调控学习进程，使学习不断深入。

（二）建立学习档案袋促进学生的成长

课程评价中存在的问题有：缺少个性化、缺少学情分析、缺乏过程性评价、缺少展示交流平台、缺乏多维度评价。针对这些问题，基于 STEAM 教育理念的化学学科实践活动课程实施中采用学习档案袋的评价方式。档案袋评价是通过有目的地收集，记录学生在各个领域、特定阶段内的作品及相关表现学生学习的材料，通过合理的分析和解释来评价学生的发展水平，进步过程等。学习档案袋有以下要点：能够真实全面地展示学习过程与学习成绩；提高记录和证据存储、检索与整合的效率；鼓励家长、同伴等相关人员参与评价过程，能够实现评价多元化；而且具有反思功能。

2014 年教育部研究制定了《中小学教师信息技术应用能力标准（试行)》，目的是全面提升中小学教师信息技术应用能力，促进信息技术与教育教学深度融合。作为一名教师，需要我们与时俱进，探索新时代背景下信息技术在教育教学中的价值，积极应对教学内容以及教学方式的变革。

信息技术在学习档案袋中的应用，具体来说有以下三点：（1）利用信息技术分析学情，确定学生学习起点。针对学情分析不够精准，可能会导致的课程或教学设计不合理的问题，教师可利用问卷星对学情进行问卷调查，了解学生的现状及需求。通过分析数据、真正了解学情，确定学生学习的起点和教学中的重难点。（2）记录学习过程重视学生发展性评价（即表现性评价）。针对卷面考试成绩不能客观、全面地反映学生学习状况的问题，教师可采用恰当的信息技术手段记录学生较长时间段内的成绩变化，或用手机记录学生学习过程中的作品。雷达图能够帮助教师清楚地了解学生学习变化趋势，也可以清楚地了解学生的学习特点。（3）根据需要选用合适的信息技术。学校常用的信息技术有教学管理系统、智慧教室、思维导图、学习类 app、公共网络平台等。

（三）运用化学学科能力模型设计化学学科实践活动评价量表

国内北师大研究团队提出学科核心知识和活动经验是学科能力发展的基础，学科认识方式是学科能力发展的内涵实质，学科能力活动既是学科能力发展水平的外在表现，也是促进知识转化为能力素养的重要途径，并且提出了化学学科能力及其表现的系统模型，[①]如图 6—13 所示：

---

① 王磊. 基于学生核心素养的化学学科能力研究[M].北京:北京师范大学出版社,2019:13—19.

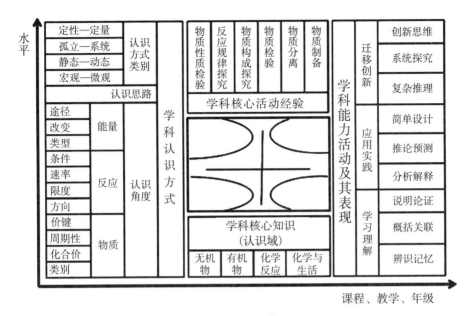

图 6-13　化学学科能力及其表现的系统模型

化学学科能力包括学习理解能力、应用实践能力和迁移创新能力。化学的学习理解能力是指学生顺利进行知识和经验的输入和加工活动的能力。化学的应用实践能力是指学生能够进行知识经验的简单输出活动，完成特定学科活动以及应用学科核心知识经验分析和解决实际问题的能力。化学的迁移创新能力是指学生利用学科核心知识、活动经验等，解决陌生和高度不确定性问题以及发现新知识和新方法的能力。

依据化学学科能力构成及其表现的系统模型制定具体的学习目标，设计"学习·理解""应用·实践""迁移·创新"的进阶式能力活动任务体系，科学评价学科核心素养，并将学习目标转化为评价目标，并具体化为评价指标——不同水平的学科能力表现指标，实现教—学—评一体化，如《知水善用》课程案例 2 "以海水为原料自制 84 消毒液"的项目评价量表。

（四）运用学科核心素养导向的化学实验教学评价方式

化学是基于实验的一门学科，实验是最基本的一种化学学科实践形式。

普通高中化学新课标明确规定了学生必做实验。高中化学实验分为验证性实验和探究性实验两类。验证性实验主要体现在化学教材中，注重通过典型的化学实验事实引导学生认识物质性质、实验原理和检验方法，注重学生对化学知识的验证过程，更加关注学生实验操作能力的提升。探究性实验则侧重于学生对实验探究活动的设计、组织和实施，注重学生对科学探究的理解，更加关注学生科学探究能力的提升。

国内有研究团队通过实践研究出版的《基于学科核心素养的教学评价引领——高中化学必修实验》，总结了一套基于学科核心素养的化学实验教学评价方式，对验证性实验和探究性实验的评价要点、评价指标及评价量规等方面做了详细阐述，并且提供了评价案例，是一本能配合普通高中化学新教材使用的科学探究的实验活动评价宝典。[1]

基于 STEAM 教育理念的化学学科实践活动课程侧重于探究性实验的设计与实施，我们可以依据表 6-14，结合具体的实践活动主题开发探究性实验活动表现的评价量规开发方法如下表：

表 6-14　探究性实验活动表现评价量规的开发

评价目标	评价指标	评价指标	学生在实验活动中的外显表现	评价量规
宏观辨识与微观探析；	设计	方案与流程	通过小组讨论，提出活动方案，制定活动计划，设计实验方案及流程	能够自主查阅收集相关信息，依据信息与自己已有的知识设计合理的实验方案；通过小组讨论交流，制定活动计划，设计整个实验流程，并能够绘制实验流程图

---

① 邱荣,方云,徐雯馥.基于学科核心素养的教学评价引领.高中化学必修实验[M].南京:南京师范大学出版社,2019:25—33.

续表

评价目标	评价指标	学生在实验活动中的外显表现	评价量规
变化观念与平衡思想；证据推理与模型认知；科学探究与创新意识；科学态度与社会责任	辨析　合理与优化	论证方案的合理性、简约性、可行性等，并能够提出质疑，提出改进方案或优化设计	分组讨论，相互评价，主动参与方案和流程的辨析；在辨析过程中能够积极主动地提出自己的质疑和设想，要求思路清晰、表达准确，为实验方案和流程的优化作出贡献
	操作　规范与熟练	能独立或与他人合作进行规范实验操作，步骤有序合理，运用多种手段进行观察，准确记录实验现象；能在实验中注重观察与思考相结合，灵活应对各种情况；能有效获取、评估、鉴别、运用信息，准确细致地收集证据	小组中责任明确，基本实验操作合理规范熟练，能够准确且全面地描述实验现象；对教师演示实验观察到位，能客观表述自己的观察结果
	反思　方法建模与科学态度	客观评价自己或他人实验方案的优缺点，反思自己或他人的实验成果，学会建模方法，尊重事实和证据，根据证据推理出正确的结论，有实证意识和严谨的求知态度	在辨析和实践的基础上，通过归纳总结或构建科学探究的认知模型；科学态度端正、勤于实践、善于合作、敢于质疑、勇于创新，社会责任感强烈

　　教师通过设计具体的实验评价量规，可以外显实验活动，促进学生对实验功能价值的深层次理解。倡导教师结合真实情境的问题解决，设计实验探究活动，建构思维模型，促进学生核心素养的发展。

二、化学学科实践活动课程的评价建议

基于 STEAM 理念的化学学科实践活动课程评价有以下建议：

1. 要有科学理性的评价标准与评价规范

建立评价标准与评价规范是非常重要的一项工作。评价标准可以是评价要点，也可以是评价量规。评价规范需要明确评价步骤、评价方法和评价过程中的注意事项。

2. 重视表现性评价，过程性评价与结果性评价相结合。

结果性评价指的是在教学活动结束后为判断其效果而进行的评价，如项目评价表、成果或作品评价表等。过程性评价是一种对学生的学习过程进行的阶段性及时评价，如实验评价量规、课程观察量表等。过程包含结果，结果规范过程，所以要注重过程性评价与结果性评价相结合。学科实践活动课程强调表现性评价，是一种注重过程的评价，考查学生在真实情境问题解决中必备知识与关键技能的掌握情况，以及学生的问题解决能力、实践创新能力、合作与沟通能力、批判性思维等多种复杂能力或思维的发展状况。

3. 教师要有效地进行评价的组织和干预。

传统教学中，很多教师都只关注自己的"教"，不关注学生的"学"。新授课之前向学生公布评价方案及具体的评价要求。亟待解决的现实问题有：一种情况是教师没有明确阶段成果评价的节点，导致学生的学习没有阶段性目标，缺少计划性。第二种情况是，虽然规定了评价节点，但由于没有进行自评与互评的组织和干预，导致学生在学习过程中进度拖沓、松散，没能按照正常进度完成评价。所以我们在课程实施过程中，要视具体问题进行适时的干预、督促和支持。

4. 选择合适的教学评价工具。

教学评价工具是教师用来收集学生学习信息并对学生学习作出评价的工具。评价的工具比较多，有评价量规、学习任务单、学习档案袋、电子档案袋、概念图、问卷星、手机同屏、QQ、微信、Pad、智慧教室评价系统等。

不同的评价工具可用于不同的教学环节，不同的评价工具亦可交叉使用。我们生活在飞速发展的信息社会里，作为课程设计者和课程实施者的教师，我们必须引导学生借助信息技术，基于学习主题积极主动地收集、整合课程资源，提升我们课程设计与实施的效果。

结　语

　　本研究是围绕研究者本人在化学教学与 STEAM 课程实践中的问题 "怎样基于 STEAM 教育理念设计有利于发展学生核心素养的化学学科实践活动课程"，按照行动研究的基本思路，扎根于教学一线进行的研究。基于 STEAM 教育理念的化学学科实践活动课程设计是依据课程标准、教材、高考化学试题分析展开的微观层面的课程设计，是教师及课程开发共同体，从教学实践层面对课程目标、课程内容、教学活动和课程评价等要素的具体处理与规划，兼具学科间知识整合及化学学科内知识整合的特点。基于理论研究和实践探索总结提炼出了，基于 STEAM 教育理念的化学学科实践活动课程设计的实践模型及具体策略。

（一）基于 STEAM 教育理念的化学学科实践活动课程设计的实践模型

　　本研究旨在发展学生核心素养框架中的实践创新素养，选取实践创新素养中的 "问题解决" 作为基于 STEAM 理念的化学学科实践活动课程设计的依据和落脚点。基于 STEAM 教育理念的化学学科实践活动课程设计以真实情境问题解决为载体，将课程目标、课程内容的选择与组织、教学活动的设计与实施、课程评价 4 个相互依存、相互促进的基本要素联系起来。

　　基于 STEAM 教育理念的化学学科实践活动课程设计的实践模型，主要有以下要点：（1）STEAM 教育的实质在于运用综合多元的思维方式解决真实情境问题。化学学科实践活动课程目标、课程内容的选择与组织、教学活动的设计与实施、课程评价都指向真实情境问题解决。中国学生发展核心素养本质上是跨学科素养，基于 STEAM 理念的化学学科实践活动课程目标指向学生发展核心素养。核心素养细化为必备知识的掌握和关键能力的培养，基于 STEAM 理念的化学学科实践活动课程内容聚焦必备知识的掌握，课程评价聚焦关键能力的培养。基于 STEAM 教育理念的化学学科实践活动课程，常用的教学方式有 5E 教学模式、项目式教学、基于问题解决的教学、基于工程设计的教学等，这些教学方式根本上都是指向真实问题的解决。化学学科实践活动课程中教学活动的设计与实施是实现课程目标、掌握课程内容、评价课程实施效果的重要载体。（2）核心素养统摄关键能力和必备知识；在学科实践活动中掌握必备知识，培养关键能力；关键能力的提升有利于促进必备知识的深度学习；实践活动是知识向能力与素养转化的基本途径。换句话说，以真实情境的问题解决为载体，将"核心价值""核心素养""必备知识""关键能力"与课程目标、课程内容、教学活动设计与实施、课程评价紧密结合起来，构成有机整体，使学生与教师在基于 STEAM 教育理念的化学学科实践活动课程中得到发展。

（二）基于 STEAM 教育理念的化学学科实践活动课程设计策略

基于 STEAM 教育理念的化学学科实践活动课程设计策略，具体包括以下 4 个方面：首先，基于 STEAM 理念的化学学科实践活动课程的核心价值指向真实情境问题解决，其目的在于提升学生的化学学科核心素养，发展学生核心素养。根据本研究提出的化学学科实践活动课程目标设定的技术路线确定课程目标。

其次，选择课程内容时要辩证地处理好各学科体系、社会生活与学习活动、学生经验三者的关系，从多种途径精选课程内容。基于大概念组织课程内容，以《知水善用》课程为例阐释了大概念提炼与建构的思路与方法。

再次，本研究以"开启我的纯净水探索之旅""以海水为原料自制 84 消毒液""一封密信"3 个教学案例阐释，如何使用 5E 教学模式、项目式教学及基于问题的教学设计与实施化学学科实践活动。提出化学学科实践活动教学的有效策略：运用主动学习方式促进学生的深度学习；运用知识可视化工具构建知识体系；运用学历案和翻转课堂，突破和延伸课堂教学。提出化学学科实践活动课程的实施建议：深入研究化学课程标准、高考评价体系及高考试题；建立校内、校外联动合作的课程开发共同体；跨界聚合课程资源；建设化学学科实践活动课程资源库，实现资源共享。

最后，提出基于 STEAM 教育理念的化学学科实践活动课程采用的有效评价策略及建议。课程评价注重表现性评价，具体采用学习档案袋的评价方法，运用化学学科能力模型设计评价量表，科学合理地设计实验评价量规。

（三）研究创新之处

本研究是基于本人的化学教学及 STEAM 课程实践中的问题，主要采用行动研究法、案例研究法展开的理论研究与实践探索，进行了一定程度的理论与实践创新，具体表现在以下 3 个方面：

1. 充实了 STEAM 教育视域下化学学科实践活动课程的相关研究

学科实践活动课程隶属于综合实践活动课程，是一个较新的研究领域。发展学生核心素养和 STEAM 教育是当今国际教育的热点，目前教育工作者和研究者主要关注化学学科常规课堂中核心素养的培育研究与实践，但基于化学学科实践活动课程培育学生核心素养的相关研究寥寥无几，而基于 STEAM 教育理念设计化学学科实践活动课程发展学生核心素养的实证研究基本没有。

为弥补分科教学的弊端，基于 STEAM 教育理念的学科课程建设势在必行。本研究基于 STEAM 理念设计并实施化学学科实践活动课程是 STEAM 教育本土化的实践探索。根据 STEAM 金字塔理论模型分析化学学科中的 STEAM 要素，在此基础上挖掘 STEAM 教育视域下化学学科实践活动的内涵、特征及意义。基于以上理论研究，扎根于教学一线展开 STEAM 教育视域下化学学科实践活动课程设计的行动研究，验证了 STEAM 教育理念融入化学学科实践活动课程设计的必要性和可行性。实践证明，基于 STEAM 教育理念设计并实施化学学科实践活动课程，是 STEAM 教育与化学学科融合提升学生化学学科核心素养，发展学生实践创新素养的有效路径。

2. 提出化学学科实践活动课程设计中提炼与建构大概念的技术路线。

化学学科实践活动课程《知水善用》的实践探索表明，基于大概念组织课程内容，以真实情境问题解决落实课程目标，是发展学生核心素养和提升教师跨学科专业素养的一种有效路径。《知水善用》课程以案例形式阐释了如何运用 5E 教学模式、项目式教学、基于问题解决的教学设计与实施化学学科实践活动，如何提炼与建构大概念。

3. 提出了 STEAM 教育视域下以真实情境问题解决为导向的化学学科实践活动课程设计的实践模型及具体策略。

（四）研究展望

根据教学实践提出本研究的总问题"怎样基于 STEAM 教育理念设计有利于发展学生核心素养的化学学科实践活动课程"，其中 STEAM 教育理念、学科实践活动课程都是较新的研究领域。作为一线教师，在专家的指导下大胆尝试运用先进的教育理念进行课程设计解决教学实践中的困惑，进行STEAM 教育视域下化学学科实践活动课程设计的探索，为相关研究提供了理论与实践参考，同时体验着教育研究与实践的快乐。但由于个人能力及客观条件的限制，在理论研究与实践探索方面还有许多有待完善的地方。后续研究想从以下两个方面改进：

1. 运用主客位研究法展开行动研究

主客位研究方法是指研究者在进行研究时，既要作为研究者对研究对象进行理性思考与分析，又要作为研究对象的一员去观察、体验、认识，在比较分析的基础上得出较为客观的研究结论。我国有学者指出将理论工作者的"主位研究"和实践工作者的"客位研究"很好结合起来的最有效方法是开展行动研究，[①]这有利于形成富有实践基础的教学理论，以在这种理论指导下有效推进教学实践的发展。

---

① 王鉴.实践教学论[M],兰州:甘肃教育出版社,2002:58.

总结与反思第二轮行动研究后，针对具体问题运用主客位研究法展开下一轮行动研究。具体来说，笔者作为课程设计者，继承并优化前两轮课程设计实践探索中的有效策略设计新一轮的化学学科实践活动课程。将设计好的课程教授于多名不同学校的相关教师，在不同学校实施，这一方面有利于扩大化学学科实践活动课程的受众面，另一方面课程设计者可以作为研究对象的一员去观察、体验课程，从而更加客观地优化改进化学学科实践活动课程，完善基于 STEAM 教育理念的化学学科实践活动课程设计模式及策略。

2. 质性研究与量化研究相结合

由于《趣味化学》和《知水善用》课程都是针对案例学校高一学生的学情设计的化学学科实践活动课程，是作为学校的校本课程实施的，所以学习这两门课的学生人数有限。课程评价主要侧重于过程性评价，以表现性评价为主，主要以质性研究为主。《知水善用》课程评价表由于样本量有限无法进行定量研究。后续研究中，一方面从教师和学生层面设计科学、规范的课堂观察量表，另一方面从化学学科核心素养、实践创新素养中问题解决能力、小组合作能力等维度设计评价量表，进行量化研究。运用质性研究与量化研究相结合的方法开展行动研究。

参考文献

一、著作类

[1] 周公度.化学是什么 [M].北京：北京大学出版社，2019.

[2] 钟启泉.世界课程改革趋势研究：学科课程改革研究（下） [M].北京：北京师范大学出版社，2001.

[3] 刘知新.化学教学论 [M].北京：高等教育出版社，2018（11）.

[4] 施良方.课程理论——课程的基础、原理与问题 [M].北京：教育科学出版社，2016.

[5] 从立新.课程论问题 [M].北京：教学科学出版社，2000.

[6] 董新良.课程设计概论 [M].太原：山西教育出版社，2012.

[7] 黄梅.化学教育研究方法 [M].北京：科学出版社，2019.

[8] 中国教育科学研究院.中国 STEM 教育白皮书 [M].北京：中国教育科学研究院，2017.

[9] 《辞海》编辑委员会编.辞海 [M].上海：上海辞书出版社，1989.

[10] 赵中建.美国中小学 STEAM 教育研究 [M].上海：上海科技教育出版社，2017.

[11] 林崇德.21 世纪学生发展核心素养研究 [M].北京：北京师范大学出版社，2016.

[12] 王祖浩.普通高中课程标准（2017 年版 2020 年修订）教师指导(化

学）［M］.上海：上海教育出版社，2019.

　　［13］有宝华.综合课程论［M］.上海:上海教育出版社，2002.

　　［14］［美］彼得·圣吉.第五项修炼［M］.郭进隆，译.上海:三联书店，2003.

　　［15］［美］泰勒.课程与教学的基本原理［M］.北京：中国轻工业出版社，2008.

　　［16］胡久华.深度学习：走向核心素养［M］.北京：教育科学出版社，2019.

　　［17］尤小平.学历案与深度学习［M］.上海：华东师范大学出版社，2019.

　　［18］黄光雄、蔡清田.核心素养：课程发展与设计新论［M］.上海：华东师范大学出版社；2019.

　　［19］邵朝友.指向核心素养的逆向课程设计［M］.上海：华东师范大学出版社，2019.

　　［20］王磊.基于学生核心素养的化学学科能力研究［M］.北京：北京师范大学出版社，2019.

　　［21］郑葳.中国 STEAM 教育发展报告［M］.北京：科学教育出版社，2017.

　　［22］武敬，徐华英.STEM 课程设计与指导［M］.天津：天津出版传媒集团天津教育出版社，2019.

　　［23］王鉴.实践教学论［M］.兰州：甘肃教育出版社，2002.

　　［24］高剑南，王祖浩.学科教育展望丛书——化学教育展望［M］.上海：华东师范大学出版社，2001.

　　［25］刘翠.高中化学项目式教学实践研究［M］.济南：山东科学技术出版社，2020.

　　［26］杜淑贤.普通高中化学课程标准（2017 年版）解读——中学化学真实情境研究与案例［M］.上海：上海教育出版社，2019.

　　［27］杨九诠.学生发展核心素养三十人谈［M］.上海：华东师范大学出版社，2019.

[28] 课程教材研究所.20 世纪中国中小学课程标准.教学大纲汇编.化学卷 [M].北京：人民教育出版社，2001.

[29] 教育部考试中心制定.中国高考评价体系 [M].北京：人民教育出版社，2020.

[30] 中国高考报告学术委员会编.E 中国高考报告丛书——2021 化学高考试题分析 [M].北京：现代教育出版社，2020.

[31] 钟启泉，崔允漷.新课程的理论与创新（师范生读本第 2 版）[M].北京：高等教育出版社，2008.

[32] [日] 梶田睿一.教育评价 [M].李守福，译. 长春:吉林教育出版社，1998.

[33] 邱荣，方云，徐雯馥.基于学科核心素养的教学评价引领.高中化学必修实验 [M].南京：南京师范大学出版社，2019.

[34] [美]泰勒.课程与教学的基本原理 [M].罗康，张阅，译.北京：中国轻工业出版社，2008.

[35] [美] 格兰特·威金斯，[美] 杰伊·麦克泰格.追求理解的教学设计 [M].上海：华东师范大学出版社，2017（3）.

[36] 陈佑清.在与活动的关联中理解素养问题——一种把握学生素养问题的方法论 [J].教育研究，2019（6）.

[37] 王磊，魏锐，胡久华.初中化学项目式学习实验教材 [M].太原：山西出版传媒集团.山西教育出版社，2019.

[38] 江合佩.基于真实情境的项目式化学教学 [M].济南：山东科学技术出版社，2019.

[39] 莫尊理等.生活中的化学 [M].西安：西北工业大学出版社，2002.

[40] 武敬，徐华英.STEM 课程设计与指导 [M].天津：天津教育出版社，2019.

[41] 陈尚宝.基于 STEM 理念的初中项目式教学设计 [M].桂林：广西师范大学出版社，2020.

[42] 刘翠.高中化学项目式教学实践研究 [M].济南：山东科学技术出版

社，2020.

［43］王祖浩，张天若.化学问题设计与问题解决［M］.北京：高等教育出版社，2003.

［44］［美］大卫·海勒.思维地图：化信息为知识的可视化工具［M］.周丽萍，主译.北京：化学工业出版社，2020.

［45］杨开城.以学习活动为中心的教学设计实训指南［M］.北京：电子工业出版社，2016.

［46］［美］乔纳森·伯格曼.翻转课堂与深度学习［M］.北京：中国青年出版社，2020.

［47］Bruner JS，LufburrowR A. *The Process of Education*［M］. Harvard University Press，1960.

［48］Hiebert，J. & Carpenter，T. P. *Learning and Teaching with Understanding. In Handbook of Research on Mathematics Teaching and Learning*［M］. Edited by Douglas A. Grouws. New York: Macmillan. 1992.

［49］Jong O D，Talanquer V. *Why is it Relevant to Learn the Big Ideas in Chem istry at School?* ［M］.Relevant Chemistry Education. Sense Publishers，2015.

［50］Linda Darling–Hammond，Frank Adamson. *Beyond basic skills: the role of performance assessment in achieving 21st century standards of learning* ［M］. Jossey–Bass，2014.

二、学位论文类

［1］王淑婷.中美高中化学教材中融合 STEAM 理念的比较研究［D］.重庆：西南大学，2021.

［2］王沐阳.基于美国经验的学前 STEM 课程体系建构与实施策略［D］.喀什：喀什大学，2020.

［3］叶倩.美国 K–12 阶段 STEM 课程标准和课程类型研究［D］.桂林：广西师范大学，2019.

[4] 谭积斌.美国大学 STEM 课程教学改革研究 [D].桂林：广西师范大学，2018.

[5] 郭明俏.美国"校外 STEM 课程"研究 [D].重庆：西南大学，2017.

[6] 杨艳.基于 QCE 模型的小学综合实践 STEM 课程设计与开发研究 [D].石家庄：河北师范大学，2017.

[7] 赵燕.面向创客培养的 STEM 课程问题情境设计 [D].上海：华东师范大学，2016.

[8] 陈允怡.STEM 教育与高中物理教学的融合研究 [D].广州:广州大学，2020.

[9] 王静.STEM 课程对高中生物技术素养的提升探究 [D].杭州：杭州师范大学，2017.

[10] 杨水华.融合化学学科的 STEM 课程案例分析及启示 [D].大连：辽宁师范大学，2019.

[11] 陈济平.在初中化学教学中实施 STEM 教育的研究 [D].呼和浩特：内蒙古师范大学，2018.

[12] 卓雪妹.用 STEM 课程培养学生审辩式思维 [D].桂林市：广西师范大学，2019.

[13] 王奇伟.小学 STEM 课程中工程思维培养的教学设计研究 [D].上海：上海师范大学，2016.

[14] 胡加森.小学 STEM 课程中探究能力培养的教学设计研究 [D].上海：上海师范大学，2018.

[15] 郭晓萌.PBL 对学生解决 STEM 复杂问题能力的研究 [D].上海：上海师范大学，2017.

[16] 陈玉华.基于 STEAM 理念的初中生问题解决能力培养策略 [D].广州：广州大学，2018.

[17] 朱玲敏.基于协作问题解决的 STEM 教学设计与应用研究 [D].华中师范大学，2019.

[18] 姚茹.指向大概念的学科实践活动设计研究 [D].成都：四川师范大

学，2021.

[19] 石明月.初中化学学科实践活动课程的设计及实施研究 [D].沈阳：沈阳师范大学，2020.

[20] 赵思杨.高中生物学科实践活动的效能评价与创新能力培养 [D].大连：辽宁师范大学，2015.

[21] 林其锋.初中生物与环境实践活动校本课程的开发与实施 [D].广州：广州大学，2013.

[22] 袁学蓉.STEM 教育理念下初中生物活动课程的设计与实践研究 [D].哈尔滨师范大学，2020.

[23] 王涛.STEM 视角下的高中理科教材分析 [D].青岛：青岛大学，2019.

[24] 蒋子龙.STEM 视野下探索中学化学教材中化工主题内容的建构 [D].上海：上海师范大学，2017.

[25] 龚理文.基于 STEM 教育理念的高中化学教材分析 [D].重庆：重庆师范大学，2018.

三、期刊类

[1] 李松林.学科核心素养的发展机制与培育路径 [J].课程.教材.教法，2018，38（03）：31—36.

[2] 张华.关于综合课程的若干理论问题 [J].教育理论与实践，2001（6）：45.

[3] 周鹏琴，徐唱.STEM 视角下的美国科学课程教材分析 [J].中国电化教育，2016（5）：25—31.

[4] 张韵，顿卜双.基于 STEM 框架的中美科学课程教材比较研究 [J].外国中小学教育，2016（6）：48—56.

[5] 董泽华.包容性.STEM 高中：美国 STEM 高中改革的新浪潮 [J].基础教育，2019（1）：73—82.

[6] 管光海，盛群力.美国 K–12 技术教育的工程转型：缘起、进展与启

示 [J].外国中小学教育，2017（2）：19—27.

[7] 宋怡，马宏佳，孙美勤.美国"变革方程"引领下的 STEM 课程项目：开发、应用与共享机制 [J].外国中小学教育，2017（9）：60—67.

[8] 钟柏昌，张禄.项目引路（PLTW）机构的产生、发展及其对我国的启示 [J].教育科学研究，2015（5）：63—69.

[9] 任媛媛，刘洋，李高峰.例谈美国 STEM 课程的目标、导入及活动过程 [J].中学物理教学参考，2017（9）：57—59.

[10] 李春密，赵芸赫.STEM 相关学科课程整合模式国际比较研究 [J].比较教育研究，2017（5）：11—17.

[11] 宋怡，崔雨涵，马宏佳.美国 K–12 整合性 STEM 教育框架：理念、课程路径与支持系统 [J].当代教育论坛，2020（2）:65—74.

[12] 叶兆宁，朱丽娜，杨元魁."集成式 STEM"课程如何实现各领域的集成文 [J].人民教育，2016（12）：58—63.

[13] 余胜泉，胡翔.STEM 教育理念与跨学科整合模式 [J].开放教育研究，2015（4）：13—22.

[14] 杨彦军，饶菲菲，阿依努尔.基于整体设计方法的整合型 STEM 教育项目设计研究 [J].开放教育研究，2019（1）：99—106.

[15] 王林.从"分科"到"融合"：STEM 课程整合的困境与创新路径 [J].上海教育科研，2018（12）:71—75.

[16] 闫寒冰，王巍.跨学科整合视角下国内外 STEM 课程质量比较与优化[J].现代远程教育研究 2020（2）:39—46.

[17] 谢丽，李春密.物理课程融入 STEM 教育理念的研究与实践 [J].物理教师，2017（4）：2—4.

[18] 潘星竹，姜强."支架 +"STEM 教学模式设计及实践研究 [J].现代远距离教育，2019（3）：56—63.

[19] 朱珂，贾鑫欣.STEM 视野下计算思维能力的发展策略研究 [J].人民教育，2018（12）：45—46.

[20] 李锋.中小学计算思维教育：STEM 课程的视角 [J].中国远程教育，

2018（2）：44—49.

[21] 叶兆宁，周建中，杨元魁.以设计思维开发和实施 STEM 课程 [J].人民教育，2017：56—59.

[22] 李幸，张屹.基于设计的 STEM+C 教学对小学生计算思维的影响研究 [J].中国电化教育，2019（11）：104—112.

[23] 领荣，安涛.STEM 教育中科学思维的培养探究 [J].中国电化教育，2019（11）：107—112.

[24] 周迎春.给课堂添加"高阶思维"——以 STEM 课程实施为例 [J].人民教育，2018：69—72.

[25] 朱传世.全面构建学科实践活动课程 [J].北京教育，2016：46–47.

[26] 王云生.探索课堂学习活动设计落实核心素养培养要求 [J].化学教学，2016（9）:3—6.

[27] 赵薇.初中"物理实践活动"初探 [J].学科教育，2000（11）：1.

[28] 杨志成.选·做·展·归："开放性科学实践活动"课程的四环节实施建议 [J].学与教，2016（6）:40—41.

[29] 许丽美.以 STEAM 理念为引领的综合实践活动课程建构 [J].教学与管理，2018（11）：21—23.

[30] 赵佩，赵瑛.芬兰 LUMA 计划对我国基础教育阶段 STEM 教育生态系统构建的启示 [J].教师教育论坛，2020（33）：74—76.

[31] 蒋家傅，张嘉敏.我国 STEM 教育生态系统与发展路径研究——基于美国开展 STEM 教育经验的启示 [J]，中国电化教育，2017：32.

[32] 杜文彬.澳大利亚基础教育综合课程改革的动向与启示 [J].外国中小学教育，2019（11）:12.

[33] 刘会增.初中理科课程分化与综合的困扰 [J].教育研究与实验，1990（3）：40—41.

[34] 张华. 关于综合课程的若干理论问题 [J].教育理论与实践，2001（6）:35—40.

[35] 吕达.综合课程的作用 [J].课程·教材·教法，1985（3）：12—14.

［36］郝琪蕾.关于综合课程的理性思考［J］.2008，28（9）:35.

［37］许建领.课程综合化存在的心理学基础［J］.课程.教材.教法，2001（2）：32—36.

［38］陈彩虹.基于核心素养的单元教学设计［J］.全球教育展望，2016（1）：121—128.

［39］张海涛.化学工艺的工程背景［J］.化工高等教育，2007（1）：70.

［40］叶兆宁、杨元魁.集成式STEM教育：破解综合能力培养难题［J］.人民教育，2015（17）：43.

［41］彭蜀晋，刘瑞，伏兴. 美国高中教林《社会中的化学》第6版简析［J］.化学教育，2016，37（7）:13—19.

［42］金慧，胡盈滢.以STEM教育创新引领教育未来——美国《STEM2026：STEM教育创新愿景》报告的解读与启示［J］.远程教育杂志，2017（01）:17—24.

［43］核心素养研究课题组.中国学生发展核心素［J］.中国教育学刊，2016（10）:1—3.

［44］李刚，吕立杰.大概念课程设计：指向学科核心素养落实的课程架构[J].教育发展研究，2018：15—16.

［45］王磊魏锐.学科核心素养发展导向的高中化学课程内容和学业要求——《普通高中化学课程标准（2017年版)》解读［J］.化学教育，2018（39）9：48.

［46］胡善义.以大概念的理念建构科学概念的教学研究——以《溶解》单元为例［J］.教育导刊，2018（03）:72—76.

［47］王喜斌.学科"大概念"的内涵、意义及获取途径［J］.教学与管理，2018（24）:86—88.

［48］刘徽."大概念"视角下的单元整体教学构型——兼论素养导向的课堂变革［J］.教育研究，2020，41（06）：64—77.

［49］何彩霞.学科大概念与化学实验单元教学［J］.2018（4）：15—16.

［50］王磊，魏锐.学科核心素养发展导向的高中化学课程内容和学业要

求[J].化学教育（中英文），2018（39）9：49.

[51] 王宽明，郝志军."问题解决"教学：内涵、实践及应用 [J].教育探索，2016（3）：10.

[52] 王宽明."问题解决"教学模式的比较研究 [J].基础教育，2016（1）：34—35.

[53] 周文叶.促进深度学习的表现性评价研究与实践 [J].全球教育展望，2019（10）：86.

[54] 钟启泉.基于核心素养的课程发展：挑战与课题 [J].全球教育展望，2016（1）：3—25.

[55] 周文叶.表现性评价：指向深度学习 [J].教育测量与评价，2018（7）:12.

[56] 周文叶，陈铭洲.指向核心素养的表现性评价 [J].课程.教材.教法，2017（9）：36.

[57] Royer J M, Cable G W. *Illustrations, Analogies, and Facilitative Transfer in Prose Learning*[J].Journal of Educational Psychology, 1976, 68（2）：205—209.

[58] Atweh B, Goos M. *The Australian Mathematics Curriculum: A Move Forward or Back to the Future?* [J].Australian Journal of Education, 2011, 55（30）:214—228.

[59] Herschbach D.R *.The stem initiative: constraints and challenges* [J].Journal of Stem Teacher Education, 2011, 48（1）:96—122.

[60] Garrison, J. W. and Moore, D. M.. *Science Education, Conceptual Change and Breaking with Everyday Experience*[J]. Studies in Philosophy and Education, 1990, 10（1）:19—35.

[61] Margarita Lim ó n. *On the cognitive conflict as an instructional strategy for conceptual change: a critical appraisal* [J].Learning and Instruction, 2001, 11（4—5）:357.

四、电子文献

［1］中华人民共和国教育部. 中国教育现代化 2035 ［EB/OL］.http://www.moe.gov.cn/jyb_xwfb/s6052/moe_838/201902/t20190223_370857.html.

［2］中华人民共和国教育部.关于全面深化课程改革落实立德树人根本任务的意见［EB/OL］.http://www.moe.gov.cn/srcsite/A26/jcj_kcjcgh/201404/t20140408_167226.html.

［3］中华人民共和国教育部.关于新时代推进普通高中育人方式改革的指导意见［EB/OL］.http://www.moe.gov.cn/jyb_xwfb/s6052/moe_838/201906/t20190619_386543.html.

［4］National Science Board. Undergraduate Science Mathematics and Engineering Education ［EB/OL］.http://www.nsf.gov/nsb/publications/1986/nsb0386，1986.

［5］Shapingthe Future: Strategies for Revitalizing Undergraduate Education. Proceedings from the National Working Conference［EB/OL］. https://www.nsf.gov/publications/pub_summ.jspods_key=nsf9873.1996.

［6］The National Academies Press，Washington，D.C . STEM Learning is Everywhere: Summary of a Convocation on Building Learning Systems ［EB/OL］. http://www.nap.edu/catalog.record_id=18818， p.2—3.

［7］National Science Foundation. American Competitiveness Initiative［EB/OL］. http://www.nsf.gov/attachments /108276/public/ACI.2006.

［8］Partnership for 21st Century Learning. Framework for 21st century Learning ［EB/OL］ . http: //www.p21.org /our-work/p21-framework.2009.

［9］National Research Council. Next Generation Science Standards［EB/OL］. http://www.next- Genscience.org.2013.

［10］U.S.Congress. STEM education Act of 2015 ［EB/OL］.https://www.congress.gov/bill/114th-congress /house-bill/1020.2015.

［11］STEM Funders Network. Learn more about these strategies for cultivating

STEM ecosystems ［EB/OL］. http://stemecosystems.org/strategies.

　［12］ Steve Olson， Jay Labov. STEM Learning is Everywhere: Summary of a Convocation on Building Learning Systems ［EB/OL］.the National Academies Press， Washington， D.C. http:// www.nap.edu/catalog.php.

　［13］ Kathleen Traphagen and Saskia Traill. How Cross-Sector Collaborations are Advancing STEM Learning ［EB/OL］. http://www.samueli.org/stemconference/documents/STEM% 20 Learn- ing %20Ecosystems.

　［14］ Oc Stem Connector ［EB/OL］.http://www.ocstem.org.

　［15］ Greater Cincinnati Stem Community. GCSC reach ［EB/OL］.http//greater-cincystem.org/gcsc-in-action.

　［16］ STEM Funders Network. Design principles ［EB/OL］. http://stemecosystems.org/design-principles.

致　谢

　　清晨，阳光温柔地洒在万物上，别有一番赏心悦目的感觉，我静坐在窗前，写下这篇发自肺腑的致谢。母校西北师大永远是西师学子最温暖的港湾，我在熟悉而又亲切的教育学院度过了硕士和博士生涯，真的要离开时，依依不舍。回首往昔，读博生涯艰辛却又充满着幸福的味道，深深的感激之情油然而生，因为给我关爱和帮助的人太多，要感谢的人也太多！

　　最崇高的敬意和最诚挚的感谢送给我的两位导师莫尊理教授和吕世虎教授，两位导师都是学生心中最耀眼的那颗星，能得到两位恩师的教导是我人生的幸运！作为一名一线教师，入学时我有很多的困惑和问题，也深知自己学识有限，两位导师的鼓励和指导催我奋进。选题时，我对学科实践活动课程研究感兴趣，但这是一个较新的研究领域。跨学科的 STEM 教育已形成国际共识，但在我国还处于初级探索阶段，如何将 STEM 教育理念真正融入化学学科实践活动课程中开展本土化的 STEM 教育探索，解决我实践中的困惑，其难度超出了我的想象。导师的鼓励使我坚定信心，帮我调整思路，反复斟酌，反复修改。我深切地感受到两位导师宽广渊博的学识，深邃豁达的智慧，严谨治学的态度和对教育事业的倾心投入令人叹服。我博士论文的完成，凝结着两位导师的智慧和悉心指导。两位导师给予我的不仅是学业上的指导和帮助、生活上的关心和爱护，更多的是让我领悟着"为人师表，以身作则"的真谛。我的每一点进步都凝聚着两位恩师的教诲，我将永远带着这一份感恩之心去做人做事，扎扎实实地走好每一步！

　　衷心地感谢教育学院的领导和辛勤为我们授课的各位老师，为我们提供了良好的学习平台，让我们领略学术生涯的美妙。非常感谢在我论文开题以及预答辩中给我提出很多宝贵建议的傅敏教授、王兆璟教授、孙志刚研究员、徐继存教授、李如密教授、张定强教授、姜秋霞教授、李金云教授、赵晓霞教授和邓小娟教授。衷心地感谢我的硕士生导师王鉴教授，每次见到恩师，总是不忘激励我不断前行，向您致以最诚挚的谢意！同时，我也要衷心地感谢案例学校给予我大力支持和帮助的领导、同事以及可爱的孩子们，感谢我的生活中能遇见你们！

　　在我求学的路上，作为一名中学教师，我要为一群孩子负责；作为一位母亲，我要为两个孩子负责；作为一名军嫂，我要为家庭负责，很多时候让我疲惫不堪。但我却是一位很幸运的学生，因为我能同时感受到莫老师师门、吕老师师门和王老师师门三个大家庭的温暖，导师就像一座灯塔给我们指引前进的方向。在强大的学术共同体中，我感受到了兄弟姐妹般的情意和团结友爱积极向上的力量，大家庭的兄弟姐妹和同学们给了我很多鼓励和帮助，由衷地感谢李泽林师兄、安福海师兄、龙红芝师姐、胡红杏师姐、方洁老师、吕晓娟老师、东雪芳师妹、陆娟师姐、哈斯朝勒师妹、杨鑫老师、于丽芳师妹、史红燕老师、刘冰师妹、杜剑南师弟、王明明师姐、彭燕伟老师、陈娟娟师妹、杨梅师妹、赵存梅师妹、张曾栋师弟、张英师妹、刘娜师妹、帅超师弟、裴贺兵师弟、杜永欣师弟等，愿同窗一路风调雨顺！

　　家永远是最温暖的港湾！首先感谢我伟大的父亲母亲和公公婆婆不辞辛劳地帮我带着两个孩子，是支撑我完成学业的坚强后盾；其次，感谢我的丈夫，他的呵护、包容和支持是我最重要的精神支柱；再次，最最感恩的是上天赐予我的两个孩子，让我一次又一次地体会"为母则刚"的幸福，他们是我一生永远乐观向上，不断进取的力量源泉！最后要感谢一直努力，永远用微笑面对生活的自己！

　　博士生涯即将结束，学术之旅正在启程。我将带上所有的感激和祝福继续前行！愿世界安好！

谢丽娟

二〇二二年六月十八日

附 录

附录1 《知水善用》课程学习评价表

《知水善用》课程学习评价表

评价内容	评价内容	评价等级：A、B、C、D		
		自评	他评	师评
项目评价	该项目情境来源于生活，能解决实际问题，对我们有现实意义或价值			
	项目的问题情境具有一定的复杂性			
	项目的内容与学校教育的内容联系紧密			
	项目实施中涉及实验、调查、访谈、模型制作、角色扮演等多种实践活动			
参与的态度	对项目表现出持续浓厚的兴趣			
	我责任心强，能积极认真地完成每一项任务			
	我主动为项目的实施出谋划策，营造有利条件			
	遇到困难时能积极寻求解决办法，克服困难			
问题理解与分析	我能理解老师创设的问题情境，并通过查阅资料、交流探讨等方式，获得尽可能全面、详细的资料			

续表

评价内容	评价内容	评价等级: A、B、C、D		
		自评	他评	师评
问题理解与分析	为解决问题，我能通过信息情境关联化学学科内及其他学科的知识			
	我能通过分析与问题情境相关的信息、数据资料，利用恰当工具（思维导图、流程图、表格、图等）准确地描述问题状态和问题目标			
	我能够识别核心问题或主要问题，并对问题进行拆解			
	能针对性地提出实质性的问题，提出个人独到的见解			
	我能辨别问题解决中的主要影响因素			
方案制定与实施	我能通过查阅资料、市场调研等多种渠道获取信息资料，从不同角度提出多种解决方案			
	我能通过自主分析资料、交流研究，选择科学合理的解决方案			
	我能够掌握实验知识与技能，控制变量，完成实验设计			
	该项目需要整合化学学科内及其他学科的核心概念、知识、技能解决实际问题			
	能够进行科学解释和推断，结论准确			
	问题的解决需要与多方（同学、教师、专家、专业人员等）合作，以小组团队合作的方式进行			
状态监控与调整	整个项目中都需要调动自我管理技能，如时间管理、制定工作计划、小组分工、资源分配等			
	能够认真完成学习成长档案袋中的每一项任务			

续表

评价内容	评价内容	评价等级：A、B、C、D		
		自评	他评	师评
状态监控与调整	能提出自己的观点，同时善于听取、接纳别人的不同观点			
	在合作中能够有效地管理自己的情绪和行为			
	对出现的意外情况能冷静地思考分析、反思、总结经验教训			
结果交流与评价	方案设计全面、周详、可操作性强			
	实施方案合理，实施过程井然有序，资料收集充分			
	实验记录详细、真实，数据处理恰当			
	实验操作熟练、技能水平高			
	对研究项目认识深刻、到位，问题解决能力、实验能力都得到了提升			
	能创造性地解决问题，迁移创新能力强			
	能够恰当使用技术辅助解决问题、分享和展示项目成果			
	认为项目式学习等是有效的学习方式			
反思	我能构建出项目的知识图谱，并且根据老师、同伴的反馈不断修改、完善			
	我能对每一个问题解决方案进行批判性的反思			
	我对如何利用 STEAM 理念进行化学实践活动课程，解决实际生活问题有了一定的理解			

附录 2　小组合作评价表

小组合作评价表

评分项目	评价等级：A、B、C、D		
	自评	他评	师评
组员陈述清晰，富有逻辑性			
设计方案合理且可行			
方案实施过程操作简便、耗材较少，人力资源使用合理			
充分利用证据分析结果			
学习成果展示方式简明、有效			
对同行评议的答复和辩解令人满意			
组员之间能够有效、和谐的合作